他序

人之愛美，古今皆然，打扮的稱頭漂亮，為的是讓別人賞心悅目，自己也覺得有體面，所謂「女為悅己者容」，就是要選擇人人最容易第一眼看到的地方，作為打扮妝飾的部位。

在熙來攘往的街道上，我們總會有意無意中看到一些陌生人的面孔，看看他們長得漂亮不漂亮？帥不帥？那麼容貌的化妝與裝飾，就成了每天關心的話題。

中國古代婦女很懂得這一套妝飾，他們在臉上、髮上、耳上與頸間都打扮得相當講究，無論淡妝濃抹，各有其典麗，真可說是個愛面子的民族。

先從最搶眼的頂上裝扮說起，所謂三千煩惱絲，竟成了古代中國人最重視與愛護，以及挖空心思的設計與改變，其用心與熱情絕不下於今人。單以中國傳統婦女的髮髻型式就有各種不同花樣，除了普通婦女日常家居多梳椎髻外，時髦點的女性常會別出心裁，領導流行的髻式，像漢代有名的墮馬髻，予人浪漫嫵媚的感覺，隨後流行的倭墮髻，更是從漢魏至隋唐，最受多數婦女青睞的髮髻。漢樂府陌上桑中形容羅敷之美，就說她「頭上倭墮髻，耳中明月珠」。除了倭墮髻外，尚有盛行的高髻，高髻的名目更是繁多，尤以唐代高髻式樣可謂發展到顛峰，較常見的有雲髻、螺髻、半翻髻、反綰髻、三角髻、雙環望仙髻、驚鵠髻、回鶻髻、烏蠻髻及峨髻等。延至宋代也以高髻為尚，尤其好梳「朝天髻」，宋史五行志云：「蜀孟昶末年，婦女競治髮為高髻，號朝天髻。」足以證其流行的程度。

除了各式髮髻外，髮間的裝飾品也很講究，各種金玉簪釵、步搖、梳子等髮飾品，其雕刻紋飾花樣眾多，令人愛不釋手。到了晚唐五代時期，還在髮髻上插各種花朵，簪花習俗傳到宋朝更加盛行，除了婦女、樂工、舞伎常於髮髻間插飾花朵，或戴花冠之外，甚至在男士之中也流行，每逢節日慶典之際，上至君王、下至百官、禁衛、吏卒，無不受賜，賞些花兒簪插，當做裝飾。

我國一向有「一白遮百醜」的說法，所以依照古人的審美觀，皮膚愈白晰愈美麗，因此在各種臉部化妝品中，使皮膚白晰的主要發明「白粉」，是我國最早的化妝品。粉，釋名：「粉，分也，研米使分散也……赬粉，赬，赤也。染粉令赤以著頰上。」韵會：「古傅面亦用米粉，又染之為紅粉，後乃燒為鉛粉。」由此可知，粉原料是米和鉛，早期用米粉，後來用鉛粉。梁簡文帝詩云：「分妝開靨，繞臉傅斜紅。」婦女化妝，兩頰施脂，略帶紅暈，所謂「嫩紅雙臉似花明」，以增女性嫵媚。脂，大體可分為面脂、口脂兩種。面脂主要是防寒凍，類似現在的雪花膏、冷霜等；口脂即唇脂，劉熙．釋名：「唇脂以丹，作象唇赤也。」這猶如現代的「口紅」。以紅脂塗唇的口脂，又分大紅和淺紅兩種；南唐陶穀清異錄，五代時有多種點唇的名目：「石榴嬌、小紅春、大紅春、嫩吳香、半邊嬌、萬金紅、露珠兒、內家圓、天宮巧、洛兒殷、淡紅心、腥腥暈」等不勝枚舉，用的金是紅色。唐人除了用口脂外又以胭脂塗唇，可說是唇妝上的一種新突破。以胭脂做化妝品，原本用在兩頰，古人稱之為「紅妝」，如木蘭辭：「當戶理紅妝。」這就有如現代的「腮紅」。

唐代與外族交通甚盛，婦女妝束也接受了不少外國習尚，極開放。上文所述除了以胭脂塗唇外，還更大膽地用「烏膏注唇」的創舉；元和末年，奇異化妝流行，不施朱粉，唯以烏膏塗唇，眉角低垂，似悲啼之狀。白居易「時世妝」，形容它是「烏膏注唇唇似泥」，即是諷刺當時婦女時妝深受外族影響，故又名「啼眉妝」。其實現代的口紅，也是五花八門，紅得發紫，紫得發黑，應有盡有。

上述啼眉妝是一時的特別形式。媚字一半從眉，可見眉對於婦女的美容有極大的關係。漢代張敞畫眉故事，流傳至今，家喻戶曉。眉大都以黛描畫，但其長短寬闊窄，則風尚隨時不同；據傳唐明皇嘗令畫工繪十眉圖，計有：鴛鴦眉、小山眉、五嶽眉、三峰眉、垂珠眉、月稜眉、分梢眉、涵煙眉、拂雲眉、倒暈眉等，可見畫眉形式的多樣化。除此之外畫眉不但多姿也多彩；例如今日流行仿西方形式把眉毛畫上顏色，這在我國古代，早有先例，花間集有句云：「斜兮八字淺檀蛾。」檀，淺赭色也。又云：「淺眉微斂注檀輕」。大約檀色不僅用以畫眉，且也均以飾臉。不僅如此，唐代婦女還有一種不可思議的化妝，把額頭抹成黃色謂之黃妝，此種習俗始於齊梁，梁簡文帝詩：「異作額間黃」，此皆額妝也，到了廣代尚延有此俗；然讀宋王荊公「漢宮嬌額半塗黃」之句，則額黃之俗似乎在漢代早已有之。

我國歷史悠遠，各個朝代化妝術的記載，雖散見於典藉之中，但未經有系統的鉤稽抉剔。從表面觀之，我國古代服裝發展，在清人入關以前，皆屬漸序改變，受制於漢化影響，少有太明顯的突變，但其細微之處，尤以化妝的時尚，不僅一朝有一朝的時妝，甚至一朝之中數年、數十年、或數百年間，也有很多變化，習尚隨時不同。

走筆至此，似乎說了太多的話，佔去了不少篇幅，這也是因為個人實在是對我們擁有四千多年的時妝發展過程，有著一股龐大的民族情懷，散發著代代之間不同的流行時妝與風格，饒富情趣與韻味，如此感受是我在近期中看到了同好道友李秀蓮老師的力著《中國化妝史概說》這本書後，倍感深刻，參取書中精華，有感而發，為之介序。

綜觀本書內涵，以其別出心裁的構思，依序區隔了「上古時代」、「秦漢」、「魏晉南北朝」、「隋唐五代」、「宋朝」、「遼金元」、「明朝」、「清朝」等為上篇之歷代化妝史，以及從一〇年代至九〇年代為中篇之近代化妝史，如此時序漸進而斐然成章，作為有系統的敘述。

在素材舉證方面，也盡其所能多方蒐集了諸多各朝代出土文物包括木俑、陶瓷俑、帛畫、壁畫、絹畫以及各地之博物館所典藏的仕女圖、帝后像、繡品圖像等，另涵蓋許許多多壁畫、雕像，皆盡力蒐求，並透過精緻印刷效果，具實呈現眼前，增添了璀璨多采的可看性與可信性；同時行文流暢得體，自然也增進了可讀性與知識性，凡是懂得用盡心思顧全自己面子的朋友，以及致力於美容設計研究的專業工作者，皆很適宜研讀探究。因為本書的出版，不僅是展現中國傳統妝飾藝術的風采，更重要的是藉此擴大影響，觸發更多人的關心、重視與創作靈感，相信這也正是本書作者李老師所殷切期盼的。

輔仁大學織品服裝學系教授
兼系主任

胡澤民　丙子年春

自 序

從事美育推廣工作數十年，屢次在收集資料準備教學的過程中，領略到中國歷代仕女之美，對其妝容的變化萬千感到驚歎不已，以致在掩卷之後，心中還充滿迴盪。中國五千年歷史文化的浩蕩造就了豐富多采的「美的資產」，現代從事美的原創工作的人，實在應該多多涵泳於其中。

從黃帝時期開始，一路沿著朝代更迭的脈絡行來，明顯的可以感受到；隨著不同時代，美學的觀點也會跟著改變。漢朝以樸實無華為美；唐朝以大膽華麗為美；宋朝以柔弱內斂為美…，美在每一個時代都代表著一種價值觀，它受當時政治經濟、社會制度、禮教規範、生活方式、風俗民情、思想學說…的影響而形成，因此，談到人類對本身的妝飾美化，絕對稱得上是一種複雜的社會現象，並不只是愛美愛表現那樣單純的理由所致。

每接觸一回古代仕女之美，心中的感動就更加深幾分，想要整理出書的意念也隨之愈趨強烈，彷彿有一種使命感在無形中不斷鞭策著我，無論如何都要將老祖宗這份生活的美學、智慧的美學，完整的在現代再次呈現。

但是隨著時空的轉換，如今只能嚐試著透過史籍、書畫、出土文物去欣賞古代仕女之美，雖然那此形象並不能百分之百代表各個朝代所有的女性，但若從「每個朝代都會把當時大家認為最美的形象保留下來」的觀點來看，在相隔數千年的今日，想要了解古代仕女之美，確實也只能從史籍文字中去歸納；從出土文物中去觀賞了。

在此，要特別感謝為本書作序的胡澤民教授，胡教授任教輔仁大學織品服裝學系兼系主任，秉其豐富的學術素養，為本書撰寫了一篇內容豐富、與眾不同的序，使得本書更加綿上添花。

此外，為了讓讀者對古人的整體妝扮有更清楚的認識，在附錄部份特別商請任教於輔仁大學民生學院織品服裝研究所並擔任「中華服飾文化中心」主任的何兆華老師，以深入淺出的方式概說歷代婦女服飾的特色及演變

對於百忙中仍熱忱撥冗協助的胡教授與何老師，還有，熱心提供珍藏圖片的電影資料圖書館、台灣民俗北投文物館、中央電影公司以及同事友人，謹藉此一隅致上最誠摯的謝意。

SHISEIDO 美容科學技術研究所
李秀蓮 Lee Hsiu-Lien

目 錄

歷代

化妝史

前言

化妝絕對不是現代女性才有的專利，我們從出土的戰國時期楚俑便可看出當時已有敷粉、畫眉及胭脂的使用，甚至可追溯到之前的夏、商時期，民間就已開始使用化妝品，由此可見女性愛美的心理，從古至今都是一樣的。

古代的農業社會一向採自給自足，連化妝品也不例外，大都以天然植物、動物油脂、香料等為素材，經過煮沸、發酵、過濾等步驟而製成。比較起來，古代婦女沒有今日女性幸運，她們沒有現成、琳琅滿目的化妝品可供選擇，但是這並不會減少他們妝扮自己的意願。

在強調女性「大門不出，二門不邁」的古代社會，「女為悦己者容」無疑是女性最大的樂趣及關注所在。加上古代女性由於社會地位的低下及在經濟上對男性的依附，終身處在被男性選擇、多位妻妾共事一夫互相爭寵的低劣情勢中，在這種情況下，女性想要擁有較多優勢，容貌之美是最基本也是最重要的條件。

但是，天生麗質的美貌並非人人天生可得，多數的女性只有透過人為的妝點修飾才得以增添自身的風采，並以此博得異性的好感，而她們本身也在妝點的過程中，獲得某種程度的心理滿足。

古代女性相當重視肌膚之美，吹彈欲破、瑩潔柔嫩的肌膚是美麗的基本條件，更是用來衡量女性之美的一項重要標準，這從「手如柔荑，膚如凝脂」、「肌膚若冰雪」、「冰肌玉骨」………等對美人的形容詞，便可看出一二。

除了肌膚之美，古人也非常注重頭髮之美，每日梳理，愛護有加，並多蓄髮不剪，早期披散在肩上，接著因實際需要而用繩帶束髮，再逐漸發展出各種不同的髮髻式樣，變化多端，甚至遠在周代就已使用假髮來增加頂上風情及美觀。

學者推究古人之所以重視肌膚毛髮，最基本的原因應與禮教有關，所以「身體髮膚，受之父母，不敢毀傷，孝之始也。」，不過，除了禮教的觀念外，審美意識及健康需求也是非常重要的原因。

因此，古代的中國婦女有著各式各樣、適合不同需要的保養品，這些保養品大致可分為針對臉部、手部和頭部的保養，而保養的方式則可稱得上五花八門，有些還頗具神秘感呢，基本上，保養品的功用是以保護和預防為主，如果在其中添加了藥方，便會增加治療的作用。至於使用方式則有外用及內服兩種方式。

在化妝方面，古代婦女的化妝更是多采多姿，不僅以粉飾面，兩頰塗胭抹紅，修眉飾黛，點染朱唇，甚至用五色花子貼在額上，增添美麗的效果。而每一個朝代由於社會背景、政經制度、道德觀念、風俗民情……等的不同，對美也都各有不同的定義，可以說，環肥燕瘦，美或不美，真的是要因人因時因地而異了。

為了方便認識歷代婦女化妝型式，以下按朝代分階段探討。當然，歷代化妝的特色絕對不像改朝換代那樣明顯，可以截然劃清界線，有時某個妝的型式會一直沿用很久，甚至歷經好幾個朝代；有時則會為了因應不同的需求而不斷演變，形成另一種不同的化妝型式。

其次，由於古代婦女的妝飾包括了頭髮的修飾在內，因此，在化妝特色的分述部份，將分成頭髮及臉部兩大項來分別說明。

上古時代

（黃帝～～西元前221年）

社會背景

地球上自有人類以來，大約有一百五十餘萬年，但太古時代的人類沒有文化，文字也還沒有發明，缺乏史學記載，歷史學家稱為「史前時代」，此處略去不談。因此，本章所指的上古時代，係從倉頡發明文字的黃帝時代談起，直到夏商周三代為止。

我們常在書上看到關於黃帝時代的一些記載，儘管仍有專家學者質疑黃帝的存在與否，但我們把近代所發現的仰韶文化遺跡時間和史書上記載黃帝時代的時間互相對照，非常吻合，而且在【易經】一書中也記載「黃帝堯舜垂衣裳而治天下」，可知黃帝軒轅氏的存在應該不是空穴來風。

黃帝的時代約在西元前二千六百多年，由出土的先民遺物、史書記載及印証各種傳說來看，可確知黃帝時代的先民文化已發展到新石器時代的中期彩陶文化，他們的生活也演進到農業社會的階段，人民知識日益進步，並相傳有舟車、文字、宮室、木器、陶器、蠶絲…等的發明與製作。

黃帝之後傳到禹，禹之後帝位傳子不傳賢，夏代成為中國歷史上第一個王朝。由考古學家挖掘的遺物中可知夏代已進入銅器時代。

接著是商代，在近代於河南省安陽市西北郊所發現的殷墟遺址中，出土了許多殷商時代的實物，其中有許多是裝飾品，由此也可推斷商代社會的富裕，只可惜最後出了一位暴虐的紂王，百姓離心，以致滅國。

到了周代，周公制禮作樂，奠定了周代八百年的基礎，其所制的封建制度、宗法制度及井田制度，在歷史上頗享盛名。當時帝王以周公所作的一切為基礎，蔚成富強康樂的太平盛世，相傳在那個時代曾經有四十年之久未曾使用體罰。

西周的社會階級十分嚴明，天子、諸侯之下，以卿大夫的地位最高，再依士農工商順序排列，社會上教育漸受重視，商業也較以前發達。到了東周，王室東遷，威望一落千丈，天下諸候失去重心，互相併吞，天下情勢日益惡化，一片混亂。這便是歷史上所謂的「春秋戰國時代」。

在混亂之世，看似各方面都在開倒車，其實由於競爭的不止息，社會上仍有些部份在繼續進步中，例如列國兼併，弱國被強國吞沒後，早期的商業關禁自然也因此消滅，所以亡國越多，商販的交通越便利。又因列國競爭激烈，國際間酬酢頻繁，商業往來發達，可說是盛況空前，而由於商業的發達大都市也就與盛起來。更重要的是此時期乃是我國學術思想最發達的黃金時代，百家爭鳴，學者輩出。

化妝特色

商代出土的實物中，有很多是裝飾品，如玉佩、玉環、項飾、笄（簪）、梳…等，在這些玉器上往往刻有形形色色的人物圖案，殷商時代的妝扮特色，我們便可從中略窺一二。

周代時，有關婦女妝扮的記載就比較多了，有許多書籍可供參考，再加上歷年來出土實物的印証，年代最早的陶俑是春秋晚期到戰國初年的製品，我們可從這些陶俑的形象及陪葬品中的裝飾物，對當時人們的妝扮型態知道得多一些：

【詩經】中有這麼一句話：「自伯之東，首如飛蓬。豈無膏沐？誰適為容！」。意思是說「自從丈夫去了東方，妻子就蓬頭散髮，無心打扮，並非是沒有保養品，而是丈夫不在，要打扮給誰看呢？」，可見中國古代婦女修飾容顏的習慣起源得相當早。

一般斷定中國婦女化妝的習俗在三代（夏商周）便已興起。因為鉛粉是古代婦女化妝的基本材料，而晉崔豹【古今注】中說「三代以鉛為粉」；秦漢時期的【神農本草經】中也提到鉛丹和粉錫，都說明在商周前後已能製造鉛粉和紅黃色的鉛丹了。而在河南安陽殷墟出土的商代宮廷貴族婦女的生活用具中，除了銅鏡、梳、耳勺、匕…等之外，還出現了一套研磨朱砂用的玉石臼、杵及調色盤似的物品，上面都粘有朱砂。這些均足以証明我國婦女的化妝最晚在商代已出現。

商、周時期，化妝似乎還偏限於宮廷婦女，主要都是為了供君主欣賞享受的需要而妝扮，直到東周春秋戰國之際，化妝才在平民婦女中逐漸流行。殷商時，也因配合化妝觀看容顏的需要而發明了銅鏡，更加促使化妝習俗的興盛。

頭髮

古代無論男女均蓄髮不剪，傳說在燧人氏時，婦女開始將頭髮挽起束之於頭頂，稱為「髻」。「髻」就是「繼」的意思，也有「繫」的涵意，因此，古代女子梳髻象徵成年後嫁人生子來維繫家族的命脈。不過，最早時是以自己的頭髮互相纏繞成髻，後來才改用絲及綵絹纏髮。

上：戰國雕玉對舞婦女，鬢髮卷曲如蠍尾，其餘梳辮髮向後垂。
（傳洛陽金村韓墓出土）

下：梳雙股大辮弄雀的戰國青銅女孩
（傳洛陽金村韓墓出土）

右頁：戰國時代梳椎髻的婦女
（長沙楚墓出土帛畫）

商代婦女的髮式大多採取梳辮髮向後垂的形式，有的還將兩鬢梳作卷曲向上如蠍子尾式的鬢髮垂肩，這種髮式沿用到戰國末年，我們從出土的雕玉人形佩件中便可清楚看到。

此外，從古書上的記載「周文王制定平頭髻，昭帝又制定小鬚雙裙髻」、「文王於髻上加珠翠翹花，傳之鉛粉，其髻高名曰鳳髻」，這些髻名的具體型式，雖不可確知，但至少由此可推知當時髮髻的式樣及變化，已經比之前增加許多。

到了春秋戰國時代，髮型仍以辮髮為基本型式再加以變

化。有將頭髮梳成兩條大辮子搭在胸前的；有將髮辮在腦後挽成一個大髻的；有梳好髮辮後又在髮辮末尾接上一段假髮的；也有將髮辮編於腦後，再在髮辮中段部位結成雙環的…。

長沙楚墓出土的戰國時代婦女帛畫，是目前世界上較古的一幅中國婦女帛畫，畫中婦女的髮髻挽結於腦後，與河南輝縣出土的戰國時期婦女小銅俑的髮髻梳理方式相同，這種髮髻式樣是自戰國初到西漢末很普遍的一種婦女髻式，而後又逐漸延伸發展成後世的「銀錠式」、「馬鞍翹」髻式。

除了髮型有許多變化外，髮上所用的裝飾品更是又多又別緻，如副、步搖、笄、釵…等，更增女性在輕移蓮步時的阿娜多姿。

臉部

面

以粉飾面是古代婦女化妝的第一步，【戰國策】「鄭國之女，粉白黛黑」，【楚辭】「粉白黛黑施芳澤」，都可說明在先秦時代婦女便已經用粉來妝飾自己的臉部了。

古代的化妝用粉主要分為金屬類的鉛粉和植物類的米粉兩種。

鉛粉是最早的人造顏料之一，又名光粉、胡粉、定粉、白粉、水粉、官粉…等，鉛粉傅面，有較強的附著力，但若是保管不當，容易硫化變黑，故古代較常用的化妝用粉是米粉。米粉係以米粒研碎後加入香料而成。

【淮南子】「漆不厭墨，粉不厭白」，顯見漆是越黑越好，粉是越白越美。以白粉塗在肌膚上，使潔白柔嫩，表現青春美感，粉妝的目的便在此，因此，當時有「白妝」之稱。

除鉛粉和米粉以外，此時期還有一種水銀作的「水銀膩」，傳說是春秋時蕭史所創製的，以供其愛侶弄玉傅面所用。

至於塗抹的方式，通常以粉撲沾染妝粉，再塗布於臉上。粉撲則是以絲綿、綢之類的軟性材料製成。

頰

在頰上塗抹胭脂可說是古今中外婦女化妝的基本方式，我國古代婦女染頰飾紅的歷史久遠，但對其真正開始的時間，古書記載卻有出入。

根據【中華古今注】記載，燕脂起源於紂時，以紅藍花汁凝成脂，讓宮人塗在臉上作桃花妝，因為此種花原產於燕國，故被稱為燕脂。【續博物志】中也有「三代以降，涂紫草臙脂，周以紅花為之」的記載，紅妝應起源於商周之時。但宋高承在【事物紀原】一書中又十分肯定的說：「周文王時女人始傅鉛粉，秦始皇宮中悉紅妝翠眉，此妝之始也。」

若從現有的考古資料來看，馬王堆一號漢墓出土的陪葬品中已有胭脂般的化妝品，根據考証，墓的年代大約是漢文帝五年，距離秦王朝滅亡只有40年左右，而西北少數民族匈奴婦女在漢武帝時或更早時就已盛行紅妝了，因此比較確定的說法是：中國古代婦女紅妝的風尚最晚在秦漢已經興盛。至於戰國時期出土的楚俑，其臉部有敷粉、畫眉及紅妝的使用，顯見商、周時代，就已有婦女開始使用紅妝了。

大多數的史籍均記載最常用的胭脂原料——紅藍，並非源自漢民族，而是張騫出使西域時帶回中原的，詳細我們將在下一節「秦漢時代」中說明。在紅藍傳入之前，中國婦女以朱砂作為紅妝的材料。

為了使用、貯藏便利及美觀，古代胭脂或凝作成膏瓣；或混染成粉類；或製成花餅；也有用汁液浸棉、絲、紙的，在使用時，若是膏體狀，只要挑一點點，用水化開，抹在手心，再塗勻在臉上就可以了。

眉

古人對於雙眉非常看重，認為雙眉是人的元命的表面象徵。從審美的意義看，我們的祖先早就注意到女性明眸秀眉的魅力，【詩經】中才會出現「螓首蛾眉，巧笑倩兮，美目盼兮」這樣的絕妙佳句來。而對女性而言，千百年來在封建禮教的束縛下，無法暢所欲言，只能以眉目作為他們表達意念及情感的工具，因此自然而然會著意於眉目的修飾。

從文獻資料看，早在戰國時期便已出現畫眉之風，【楚辭】、【戰國策】及【韓非子】等古籍中均有不小類似「粉白黛黑」的記載。

此時畫眉的材料以黛為主，黛究係何物古籍記載不很清楚，後人考証更是說法不一。依據許慎【說文解字】，黛作「黱」，本意是指「畫眉」，後來才逐漸演變成畫眉材料的專有名詞。

畫長眉的楚國婦女
(河南信陽長台關1號楚墓出土漆繪木俑)

實際上，古代用來作黛的，既有礦物也有植物。礦物類的石黛，除石墨外，應該還包括石青（又名監銅礦）；植物類的黛稱為青黛，也叫靛花、青蛤粉，色青黑。石青和青黛在修飾眉毛時，會隨著濃淡深淺的不同而呈現出藍、青、翠、碧、綠等豐富的色彩變化。

此時期婦女畫眉的方法是先將原有的眉毛除去，再用顏料在原來眉毛的位置畫出想要的眉型。

至於眉式，寬窄曲直雖略有不同，但一般是長眉，這一點從河南信陽出土的漆繪木俑及長沙楚墓帛畫可獲得印証。而【詩經】、【楚辭】中所說的「蛾眉」，也應該是指眉毛畫得像蠶蛾觸鬚般的纖長柔曲。

唇

在古代婦女的面飾中，還有點唇的習俗，所謂點唇就是將唇脂塗抹在嘴上，早在先秦時期（指春秋戰國時期）便有點唇的風俗，當時社會也非常崇尚女性的嘴唇美，宋玉神女賦「眉聯絹以蛾揚兮，朱唇的其若丹」，就傳達了對女性嘴唇的讚賞。

1949年在湖南長沙市郊陳家大山楚墓出土的帛畫，其中婦女的嘴唇及衣袖也都有朱點，更可証明春秋戰國時代的楚國婦女已有點唇的習俗。

秦漢時代

（西元前221年～～西元220年）

社會背景

西元前221年秦王政吞滅六國，天下統一，自稱秦始皇，我國天子稱為皇帝可說是由秦始皇開始的，秦代至西元前201年為漢所滅，前後只有短短的十五年，秦始皇暴政殘虐，不得民心，惟統一律令、文字、衣冠及語言，創立了一些制度，雖然因年代很短，史書有關秦代的服飾妝扮記載得很少，不過，漢代建立以後，保存了很多秦代的遺制，因此我們可以將秦代這段時間視為上古時代至漢代的過渡時期。

漢代在經濟、文化等方面的發展多而且進步，西漢武帝時曾兩次派遣張騫出使西域，鑿通了中原和西域聯絡的途徑，開疆拓地佔國之一半，西漢版圖之大，成為我國空前所未有。而東漢時代的武功雖然不及西漢時代輝煌，但是明帝派遣班超出使西域及和帝時大舉討代匈奴，都有不可磨滅的功績。

大致而言，漢代國富民強，堪稱太平盛世。降服匈奴，平定朝鮮，南海諸國也都紛紛來朝貢，使當時的中國經濟、文化蓬勃發展，並且在妝扮服飾方面也更豐富，添加了更多的色彩。

化妝特色

兩漢時期，隨著社會經濟的高度發展和審美意識的提高，化妝的習俗得到新的發展，無論是貴族還是平民階層的婦女都會注重自身的容顏修飾。漢桓帝時，大將軍梁冀的妻子孫壽便是以擅長打扮聞名，她的儀容妝飾新奇嫵媚，當時婦女爭相模仿。

那時已出現了不同的化妝款式，如八字眉、遠山眉、慵來妝、啼妝等，化妝用具也比以前豐富，宮廷中開始使用貴重的螺子黛。1972年，湖南長沙馬王堆西漢墓出土的文物中，既有梳、篦、笄和銅鏡等梳妝用具，也有不少脂、粉、胭脂等化妝材料。

頭髮

秦代婦女的髮型，根據【中華古今注】記載「秦始皇下詔令皇后梳凌雲髻，三妃梳望仙九鬟髻，九嬪梳參鸞髻。」其它古書中還記載有神仙髻、迎春髻、垂雲髻…等，這些髮型的命名很顯然的都是受到當時人民普遍喜好神仙的風氣所影響。

左：梳垂髾的漢代婦女
(湖北江陵鳳凰山167號西漢墓出土彩繪木俑)

右：漢代流行的三角髻到唐朝仍然盛行
(河南洛澗西谷水第六號唐墓出土三彩俑)

左頁：西漢時的化妝用具及材料
(長沙馬王堆1號漢墓出土)

秦漢之際婦女在日常生活中，一般的髮髻式樣大多比較樸素，以平髻為多，很少梳高髻，而且在髻上不加飾物。

漢代婦女的髮型以梳髻為最普遍，髻的式樣很多，綜合各古書的記載，當時有迎春髻、垂雲髻、墮馬髻、盤桓髻、百合髻、分髾髻、同心髻、三角髻、反綰髻……等，名稱相當多，其中受西域的影響不少。

就整體來看，西漢時的髮髻有三個特點：

1.頭髮大多中分，且頭頂部份較平，不如東漢的髻高。

2.自頭頂分好頭線後，再向後梳成總髻。

3.腦後的髮髻多為向下的髻式。

到了東漢，婦女的髮髻有向上發展的趨勢，當時有童謠說：「城中好高髻，四方高一尺。城中好廣眉，四方且半額。」這種崇尚高髻的風氣，一直延續到南北朝及唐朝。梳高髻必須擁有又多又長的濃密頭髮，若頭髮不夠多，便必須使用假髮。

在漢代的各種髮髻式樣中，最突出的要算是梁冀妻子孫壽所梳的「墮馬髻」了，這是一種側在一邊、稍帶傾斜的髮髻，好像人剛從馬

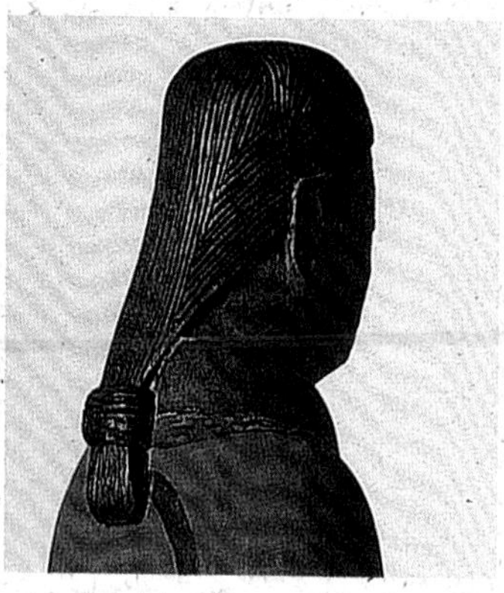

左：梳墮馬髻的漢代婦女
（西安任家坡西漢墓出土陶俑）

右：簪花的漢代婦女
（四川成都永豐東漢墓出土陶俑）

上摔下來的姿態，所以取名為墮馬髻，此髮型一直流傳下去，甚至到清代還有這型的髮髻，只是流傳至不同的時代，型式會稍有不同，名稱也不一定相同罷了。

和上古時代比起來，這時的髮髻式樣比較複雜，變化也比較多，而在髮飾方面，花樣也同樣比較多而且華麗，如箇步搖、花釵、金雀釵、盤龍釵…等。

臉部

面

根據古籍【事物記源】一書中記載，秦始皇時，宮中的女人都是紅妝翠眉的打扮，表示當時女性的臉部已經有了「色彩」。

漢代婦女也喜好敷粉，並且在雙頰上塗抹朱粉，這可從漢代陶俑面部的裝飾清楚的看到。當時有個名叫翁伯的人，就是以販賣脂膏而富傾縣邑的，可見得當時化妝品已經可以販賣，而且化妝品的使用已經非常普遍了。

之前，化妝用的鉛粉為糊狀，漢代以後，為了儲存的方便，鉛粉被吸乾了水份，製成粉末或固體的形狀，由於質地細膩，色澤潔白，也易於久藏，便漸漸取代米粉。

頰

史籍記載，張騫第一次出使西域是在漢武帝時（大約是西元138～126年間），途經陝西一帶，該地有焉支山，盛產可作胭脂原料的植物——紅藍草，當時為匈奴屬地，匈奴婦女都是用此物作紅妝。

當「焉之」這一語詞隨「紅藍」東傳入漢明族時，實際上含有雙重意義：既是山名，又是紅藍這一植物的代稱，由於是胡語，後來還形成多種寫法，例如：南北朝時寫作「燕支」；至隋唐又作「臙脂」；後人逐漸簡寫成「胭脂」。

額

據史籍記載，婦女在額頭塗黃是南北朝才流行起來的一種習俗，但我們從晚唐溫庭筠「漢皇迎春詞」中「豹尾車前趙飛燕，柳風吹散額間黃」看來，有可能漢代宮中便有在額上點黃的妝扮習俗。

此外，【中華古今注】記載「秦始皇好神仙，常令宮人梳仙髻，貼五色花子」，由此可知，在秦代宮中就已有貼花子的妝飾方法了，只是這時代的式樣及顏色比較簡單。

眉

兩漢畫眉的風氣，上承先秦諸國習俗，下開魏晉隋唐之風，創下了中國婦女畫眉史上的第一個高潮。

漢代盛行的眉式主要也是長眉，馬王堆一號漢墓出土的帛畫及木俑，女性都是長眉，漢武帝時宮人畫八字眉，眉頭部份稍為抬高，眉尾下壓，其實也是長眉的一種形式。

漢代婦女的八字眉
(長沙馬王堆1號漢墓出土帛畫局部)

遠山眉據說是司馬相如的妻子卓文君所創（也有另一種說法是出自漢成帝寵姬趙飛燕之妹趙合德所創），【史記】司馬相如傳的上林賦中有「長眉連娟」的詩句，所謂連娟就是說眉型彎曲而細長，也是漢代流行的一種眉式，眉色淺淡，仍是長眉的一種，這種式樣直到魏晉時代仍然流行。

受成帝寵愛的趙合德，最喜歡畫的眉毛便是遠山眉，她將頭髮挽起，臉上只淡淡的畫眉如遠山般，再擦上薄薄的少許胭脂，顯得慵懶嬌柔，更增天生麗質的嫵媚迷人，她這種淡妝便是有名的「慵來妝」。

漢代還一度出現畫闊眉（又名廣眉、大眉），而且眉行頗長，並用青黑色的顏料描畫，歌謠「城中好廣眉，四方且半額」，說明這種風氣首先出現在長安城內，費昶的「詠照鏡」詩中也說：「…留心散廣黛，輕手約黃花。…非妾畫眉長，城中皆半額。」可見在當時的長安城，畫闊眉及梳高髻都是流行的妝扮特色。

東漢年間，婦女又恢復了畫長眉的習慣【後漢書】「桓帝元嘉中，京都婦女作愁眉」，愁眉也是一種長眉，當時京都婦女流行作「愁眉啼妝」的打扮，據說是梁翼妻子孫壽率先作此妝扮的，所謂的愁眉是將眉毛畫的細長而彎曲，眉梢向下，好似皺眉一般，而所謂的啼妝則是在眼下擦上白粉，好像剛剛哭過似的。

唇

點唇，頭髻插簪，身穿繞襟袍的漢代婦女
（長沙馬王堆1號漢墓出土彩繪木俑）

點唇最早起源於先秦，到了漢代已經蔚成習俗，【釋名】「唇脂，以丹作之」，丹是一種紅色礦物質顏料，也叫硃砂，具有強烈的色彩效果，塗在唇上可強調唇型及增加唇色的鮮艷，但因它本身不具黏性，很容易被口沫溶化，所以古人又在其中加入適量的動物脂膏，不但防水又可增加色彩的光澤。

此時期的唇脂實物，在湖南長沙、江蘇揚州等地發現的漢墓中都可看到，雖然在地下埋了兩千多年，但盛在妝奩之中，色澤仍然很鮮艷。

魏晉南北朝

（西元220～～581年）

社會背景

東漢末年，政治混亂，經濟凋零，豪強你爭我奪，形成魏蜀吳三國鼎立的局面，最後，三分天下的局勢被魏所統一，而魏國的政權早在元帝的時候便被司馬炎所篡。司馬炎即位，建國號為晉。

永康年間，發生了骨肉相殘的「八王之亂」，前後長達十六年，北方胡人趁此朝政敗壞的時機，紛紛建國稱帝，史家稱為「五胡十六國時代」。東晉偏安江左，後來被臣子劉裕篡帝位，改國號為宋，造成南北朝對峙局面的開始，南朝更迭，宋之後依次建立了齊、梁、陳；北朝最初由拓跋珪統一而立了北魏，後來又分為東魏、西魏以及北周、北齊。

雖然這是一個紛亂的時代，但早自西晉末年，五胡叛變，晉室南渡之後，中原的貴族及平民跟隨政府南遷，中原文化便被大量帶到南方各地，使得南方文化日趨發達，未嘗不是失之桑榆，收之東隅。

由於篡位風氣盛行，道德標準逐漸失去約束力，世風日下，戰亂不斷，使人對萬事萬物充滿悲觀，這種頹廢的思想使人們走向消極。

玄學應運而生，士人崇尚虛無，終日縱酒作樂，喜好清談，一昧追求所謂靈性、自然，行為不受禮俗所拘，這種風氣直到南朝末年尚未消失。

南北朝時期也是中原民族和北方民族在服飾方面相互影響並逐漸融合的一個重要時期，尤其是北魏孝文帝遷都洛陽之後，極力推行漢化，使胡漢文化的融合更加顯著。

化妝特色

此時期由於北方少數民族的勢力逐漸擴張到中原，中原人民又往南遷徙，形成各民族經濟、文化的交流融會，加上世風習俗也經歷了一個由質樸灑脫到萎靡綺麗的變化（這在南朝政權的統治下更加明顯），使得我國婦女的化妝技巧在此時期漸趨成熟，呈現多樣化的傾向。

整體而言，婦女的面部妝扮在色彩運用方面比以前大膽，妝扮的型態也有不少變化，而且女性以瘦弱為美，普遍愛好體態羸弱、嬌不勝持的病態美。

脂粉之類化妝品的製作到魏晉時期也已經成熟，手續繁複，產品質量很高，由於有利可圖，連官府也開始插手化妝品製造的行業，出現官與民爭利的情形。

頭髮

梳靈蛇髻的婦女
（元衛久鼎〈洛神圖〉局部）

根據古代史誌、雜記的記載，魏時的髮髻名稱有靈蛇髻、反綰髻、百花髻、芙蓉歸雲髻……等，在這些式樣中，又以靈蛇髻最為特別，因為這種髮髻的變化很多，而且是隨時隨地改變型式而梳。

關於靈蛇髻的由來，傳説是甄后入魏宮後，發現宮廷裡有一條不會傷害人的綠蛇，每當甄后梳妝時，這條綠蛇便在甄后面前盤結成各種不同的型態，甄后由此得到靈感，便模仿綠蛇而自創出各種不同的髮髻式樣，由於每天都有巧奪天工般的變化，因此被稱為「靈蛇髻」。非常受當時婦女喜愛，大家紛紛模仿，卻十不得其一真髓。

作緩鬢傾髻的婦女
(陝西西安草廠坡北朝墓出土陶俑)

晉時的髮式除了漢代「墮馬髻」的遺式外，還有梳髻後作同心帶垂於兩肩，再以珠翠裝飾的「流蘇髻」；梳髻後以繒(絲織物)在髻根處緊緊紮住再作環的「纈子髻」。

下：高髻、髾鬢、簪花樹釵的仕女，表現富貴之態。
(東晉顧愷之〈列女傳圖卷〉摹本局部)

到了東晉，婦女頭髮的裝飾似乎更朝向盛大方面發展，在當時，婦女喜歡用假髮來作裝飾，而且這種假髻大多很高，有時無法豎立起來，便會向下靠在兩鬢及眉旁，也就是古籍中所説的「緩鬢傾髻」，當時婦女便是以這種寬厚的鬢髮和戴高大髮髻的妝扮來代表盛妝。但這種假髻因為用髮多且重量很重，無法久戴，必須先放在木上或籠上支撐著。

若從東晉的出土女俑及古畫中的圖像來分析，東晉時的髮型有兩大特色：

一、高擁髻鬟式，留髾鬢（髮尾），再在頭髮上簪花樹釵，呈現富貴之態。

廣額飾花鈿、髯鬢、長髮結鬟後垂的仕女，表現飄逸之美。
(東晉顧愷之〈女史箴圖卷〉摹本局部)

二、長髮結髻後垂，留比高擁髻鬟式還長的髮尾，也在頭髮上插花樹釵，呈現飄逸之感。

南北朝時婦女的髮髻式樣，也大多朝向高大方面發展，北朝有梳單髻的；有在髮髻外裹巾子的；有梳雙丫角的；有梳頂髻的；有梳銀錠式頂髻再戴蓮花冠的，此外，由於北朝時信仰佛教的人很多，當時還流行把頭髮梳成各種螺型的髮髻，稱為「螺髻」。

此時期還有一種特殊的髮型，稱為「喪髻」，係將頭髮梳作十字形大髻，餘髮下垂超過耳邊，兩鬢鬆緩，據說直到民初，浙江紹興鄉間婦女守重喪時仍梳這種髮型。

至於髮髻上插戴的簪、釵，此時期以數量多為特色之一，其中貴族婦女所用的以金、玉、玳瑁、琥珀、珠寶製成，一般平民所用用的則以銀、銅、骨類製成。

此外，以花（鮮花或珠寶穿綴感的假花）裝飾髮髻的妝扮方式，在六朝時也頗為流行。

臉部

面

據【華陽國志】記載，巴郡江州縣有個清水穴，四川人取穴裡的水所做成的粉，特別鮮白芳香，世人稱為「江州墮休粉」。本來婦女用來擦臉的粉是沒有香味的（加入香料才成為香粉），而巴郡清水穴的水所做成的粉，具有天然芳香氣味以及特別鮮白的色澤，所以才會為人所津津樂道。

以整體妝式而言，此時女性妝扮面部是這樣的：先在臉上傅粉，再將燕支置於手掌中調勻後抹在兩頰上，顏色濃的就稱為「酒暈妝」，顏色較淺的則稱作「桃花妝」。若是先在臉上抹一層薄薄的燕支，再以白粉罩在上面，就成了「飛霞妝」。

這時還有一種特殊妝式稱為「紫妝」，【中華古今注】記載魏文帝所寵愛的宮女中有一名叫段巧笑的宮女，時常「錦衣絲履，作紫粉拂面」，當時這種妝法尚屬少見，但可以看出古代以紫色為華貴象徵的審美意識。

頰

早期燕支製成後都必須經過陰乾，使用時只要沾少許清水便可塗抹。到了南北朝時代，才在燕支中又加入牛髓、豬脂物質，使燕支變成一種潤滑的脂膏。這也是後來「燕支」會演變成寫做「胭脂」的原因之一。

唐代婦女在面頰上所盛行的「斜紅」妝飾，其最早根源據說也是產生於三國魏文帝時，當時文帝對一位名叫薛夜來的宮女十分寵愛，一天夜裡，文帝在燈下讀書，四周圍著水晶製成的屏風，薛夜來一時未察覺而撞到屏風，癒後仍留下傷痕，但就像曉霞將散時那般的美，文帝對她寵愛如昔，其它宮女見此也都用燕支在臉部畫上類似的血痕，稱為「曉霞妝」，發展到後來，便演變成唐朝時期一種特殊的妝式——斜紅。

此外，還有一種施於面頰酒窩位置的妝飾，稱做「面靨」，也稱「妝靨」，靨便是所謂的酒窩。妝靨的由來據說源於三國時代吳國孫和的鄧夫人，孫和非常寵愛鄧夫人，有一回孫和酒醉興起舞弄如意，不小心誤傷了鄧夫人的左頰而導致流血，孫和命太醫配藥醫治，藥中加了獺髓和著玉及琥珀屑，結果因琥珀屑的量用得太多，臉上反而留下紅色像如意般的痕跡，看起來更增美艷。於是眾婢妾為了爭寵都跟著模仿。這種妝便稱為「面靨妝」。

額

在魏晉南北朝之前，婦女臉部化妝的主要色彩以紅色為主（指燕支的顏色），到了此時期，黃色才開始流行，也就是流行「額黃」的妝飾。

婦女額部塗黃是南北朝以後才流行的一種習俗，這種妝飾的產生應該和佛教的流行有一定的關係。在南北朝時，全國各地大興寺院，廣開石窟，崇佛的熱潮非常興盛，有些婦女因而模仿塗金的佛像，也將自己的額部塗染成黃色，久而久之，便成為一種妝飾。

額黃妝仕女
〈北濟校書圖〉局部

左頁：桃花妝的妝扮到唐朝仍受婦女喜愛
(新疆吐魯番阿斯塔那唐墓出土泥頭木身俑)

額部塗黃的方式有兩種，一種是染畫，一種是黏貼，所謂染畫就是以畫筆沾黃色的染料涂在額上，有時整個額頭全部塗滿，有時只塗一半（或上或下），再以清水做成暈染之狀。

至於黏貼法則較簡單，直接以一種黃色材料製成的薄片狀飾物沾膠水黏貼在額上，由於可以剪成各種花樣，因此又有「花黃」的別稱。

「花鈿」（又稱花子）是額飾的一種，它的產生還有一段掌故。相傳南朝宋武帝的女兒壽陽公主，有一天臥於含章殿簷下休息時，殿前的梅樹被風吹落一朵梅花，不偏不倚的落在公主額上，用手拂不去，三日之後才洗落，但額上已被染成五梅花瓣的形狀，宮中其她女子看了覺得很新奇，紛紛仿效，蔚成一股風潮。以這種妝飾為主的妝便稱為「梅花妝」。

說到這裡，在上一章中，我們曾提到秦始皇時宮中便已有貼花子的妝飾法，但那時無論式樣或顏色都很簡單，到魏晉南北朝時，式樣才變多而且花俏，顏色也更艷麗。

還有一種「點妝」，是從早期宮中的特殊標誌「丹的」演變而來的，古代的天子和諸侯都擁有眾多的妃妾，平時由女史官安排不同的妃妾來輪流服侍他們，當某一妃妾月事來，不能接受點召，又不方便啓齒時，只要自己用紅色的「丹」在臉上做記號，女史官看到便不將其列入服侍的名單中。不過，「點丹的」傳到民間，卻逐漸變成一種婦女臉上的流行妝飾。若是點在額上，稱為「天妝」；若是點在雙頰上則稱為「雙的」。

眉

魏晉時期，婦女畫眉基本上承襲漢朝，主要仍畫長眉。魏武帝時所創的「仙娥妝」，眉頭相連，一畫連心細長，被稱為「連頭眉」，這種樣式直到齊梁時期仍然風行。

雖然這時期也有畫寬廣眉式的，但我們從一些古墓中的壁畫、陶俑、傳世的古畫來看，可推論出魏晉南北朝時，主要仍流行畫細長的眉毛。

【妝台記】記載「後周靜帝令宮人黃眉墨妝」，所謂黃眉就是以黃色顏料安於眉角；所謂墨妝就是以黛色顏料施於額上，可知在此時期，眉的妝扮除了黛眉、墨眉，也有作黃眉的。

梳飛天髻，長眉的仕女
(河南鄧縣南北朝墓出土壁畫)

唇

依據史籍的記載，此時期的點唇方式並無較特殊的樣式，一般以小巧靈秀為美，若是嘴唇天生不夠小巧，在粉妝時便必須連嘴唇一起敷成白色，再用唇脂重新畫出唇型，這和現代女性修飾自己唇型的技巧有異曲同工之妙。

隋唐五代

（西元581～～西元960年）

社會背景

隋唐五代是中國中古史上最重要的一個時期，大約從西元六世紀末葉到十世紀中葉，共有三百多年的時間，其中唐朝更是中國歷史上最輝煌的一個朝代，國勢強大，物質豐盛，威名遠播邊疆及海外。

隋代自文帝開國至恭帝止，總共只有三十九年而已，文帝在位期間，減輕賦稅，讓人民休養生息，國庫充實，可算是小康的社會，但到其子煬帝，好大喜功，窮兵黷武，以荒暴著稱，各地紛紛揭起反隋義旗，造成隋末天下大亂的局面。

唐自李淵開國，平定群雄之後，英明的李世明繼位為太宗，在他在位的二十多年間，政通人和，民生安樂，創下「夜不閉户，路不拾遺」的美談，歷史上稱此太平盛世為「貞觀之治」，太宗對於教育特別注重，振興教育不遺餘力，各地學子除漢人外，連朝鮮半島上的新羅、百濟等國及吐蕃、西域各國的學生都不遠千里而來求學，甚至日本也傾慕大唐文化，派遣大批僧侶及貴族子弟到長安留學。

除了致力於教育，在武功方面也政績顯赫，征服突厥後，西域各國主動遣使朝貢，歸順大唐，並且天山南路一帶及漠北一帶也都盡入版圖。

之後到唐玄宗十年為止，國泰民安，社會富裕，媲美「貞觀之治」，史家稱為「開元之治」，仍然是太平盛世，接著因玄宗寵愛楊貴妃，重用她的從兄楊釗為相國，最後發生「安史之亂」，唐朝由極盛世轉向下坡，這時大約已是唐朝中葉了。

安史之亂後，藩鎮據地橫行，跋扈不服從朝廷命令，再加上朝廷宦官專橫亂政，使得國家的元氣大傷，最後走上亡國之路。

唐朝亡國後，便是五代的開始，此後的五十三年之中，由後梁、後唐、後晉、後漢、後周五個朝代繼承唐朝的正統政權，但他們的版圖只有黃河南北一帶，非常狹窄，而且和這五個朝代同時並立的有十幾個國家，其中任何一個國家的立國時間都比五代之中的任何一代久長，文物也比他們盛。由於五代十國多半是唐末節度使獨立的，也就是藩鎮據地的變相，當時的紛亂情形可以想見。不僅社會紊亂，民不聊生，而且經濟凋蔽，政治腐敗，道德觀念普遍低落。

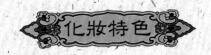

化妝特色

就整體而言，隋代婦女的妝扮比較樸素，不像魏晉南北朝有較多變化的式樣，更不如唐朝的多采多姿。到煬帝時，社會風氣開始轉變，很多史書上都提到煬帝奢侈浪費、荒淫無度、大肆徵選宮女的事，幾千個宮女為了爭奇鬥艷，挖空心思妝飾自己，帶起一種虛榮、浮誇的風氣，不過由於隋代只有短短的三十多年歷史，加上之前在北周宣帝時，曾有法令限制一般婦女不可以化妝，只有宮女可以施粉黛，因此，宮中這種爭奇鬥艷的妝飾風氣對社會民間的影響還不致於太大。

唐朝國勢強盛，經濟繁榮，由於廣泛接觸四方少數民族，受到少數民族思想觀念的影響，以致社會風氣開放，婦女盛行追求時髦，崇尚怪異新奇之風，例如穿胡服、戴胡帽、著軍裝、衣男服…等標新立異的現象層出不窮。

經濟的富足及政治的穩定使唐朝的帝王志得意滿，免不了沈溺於聲色犬馬，如唐明皇就常在勤政樓前舉行大會，命教坊樂妓數百人獻演，皇室如此，百官文士狂宴狎妓也很普遍，而許多貴族富戶更是私自蓄妓。

無論是官妓還是私妓，這些女子都是濃妝艷抹，著意修飾，在這種風氣和背景下，婦女妝扮的發展和變化便很迅速，一旦出現新奇的妝飾方式，大家立刻互相模仿，蔚為流行。尤其當時的京都長安，有很多少數民族及外國人居住，成為中國和西方文化交流的中心，長安

唐朝婦女化妝順序

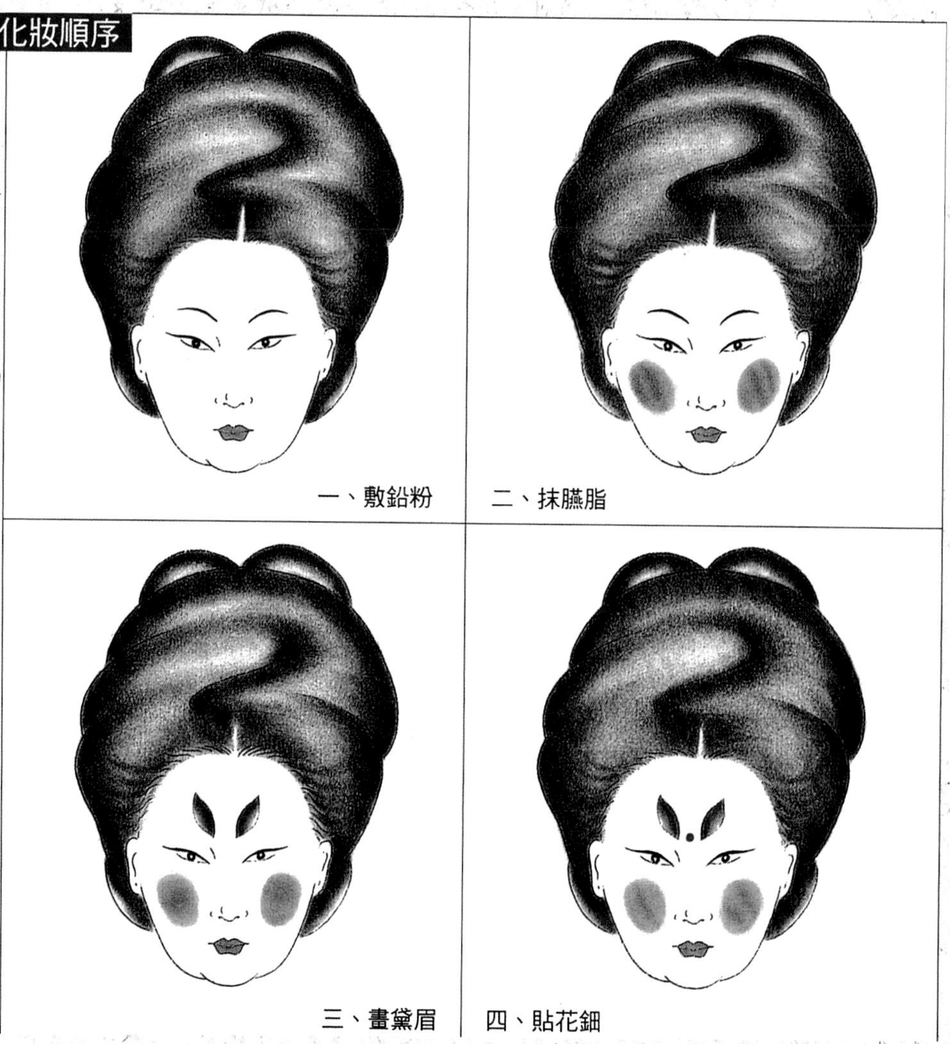

一、敷鉛粉

二、抹臙脂

三、畫黛眉

四、貼花鈿

城內的婦女妝扮更是講究時髦、華麗，充滿大膽與熱情的健康美。

唐朝的女性社會地位高漲，是中國歷史上女權最高的一個朝代，也難怪會出現中國歷史上唯一的女皇帝武則天。

也因為唐朝受四方少數民族影響較深，不講究禮教，相對之下，對婦女的約束就比較少，所以，臉部化妝的各種花樣到此時代已發展完備，各種不同的眉型、唇式樣，配上各種變化多端的髮型、色彩濃

五、點面靨

六、描斜紅

七、塗唇脂

淡不同的頰部，以及形形色色的妝靨、額黃和花子等，使得婦女臉部化妝多采多姿，變化多端。

此外，一些畫眉毛及塗胭脂用的化妝材料，到了唐朝已出現人工製作的方式，不再像以往只採用天然礦物和進口材料來製作。

這一切都可以說明中國婦女的化妝技術到唐朝已發展到前所未有的巔峰。甚至可以說，唐朝是中國歷史上最接近西方美的一個朝代。

若要仔細分項，大致可將唐代婦女的臉部化妝分為：敷鉛粉、抹臙脂、畫黛眉、貼花鈿、點面靨、描斜紅、塗唇脂。（詳細於「臉部」一節中再作說明）

頭髮

隋代的髮式比較簡單，髮型大多是作平頂二層或三層，層層向上推，有如戴帽子一般，也有作三餅平雲重疊的，這些型式在當時具有一般性，也就是貴賤的差別不大。

綜合古書記載，隋代的髮式名稱很多，有凌虛髻、祥雲髻、朝雲近香髻、奉仙髻、側髻、迎唐八鬟髻、雙鬟望仙髻、翻荷髻、坐愁髻、盤桓髻…等，稱得上五花八門。

唐朝婦女的髮型和髮式非常豐富，既有承襲前朝，也有刻意創新的。在初唐時，婦女的髮式還比較少變化，但是在外形上已經不如隋代那般平整，而已有向上聳的趨勢了，以後，髮髻越來越高，型式也不斷推陳出新。

唐初貴族婦女喜歡將頭髮向上梳成高聳的髮髻，比較典型的髮式是「半翻髻」，將頭髮梳成刀形，直直的豎在頭頂上。在當時流行的式樣中，還有一種比較主要的髮髻，髻式也是向上高舉，叫作「回鶻髻」，回鶻是中國西北地區的少數民族，也就是現在維吾爾族的前身，這種髮型在皇室及貴族間曾廣為流行

上：梳雙鬟望仙髻的婦女
(陝西西安羊頭鎮唐李爽墓出土陶俑)

中：梳半翻髻的初唐婦女
(湖南長沙咸嘉湖唐墓出土瓷俑)

下：梳變形回鶻髻的婦女
(河南洛陽關林第59號唐墓出土三彩俑)

過，到開元、天寶時期以後才比較少見。

到開元、天寶時期，髮式特徵是「密鬢擁面」，蓬鬆的大髻加步搖釵及滿頭插小梳子（當時於髮髻上插小梳子有多到八把以上的）。「濃暈蛾翅眉」的造型就是成熟於這段時期，此時期，婦女的體態特別豐腴，衣服也比較寬大。到憲宗時服裝不僅寬大而且裙長曳地。

插梳的婦女（唐人〈調琴啜茗圖〉局部）

在少數貴婦中並流行用假髮義髻，使頭髮更顯得蓬鬆，這是當時的時代特徵。另外，普通婦女還梳一種「兩鬢抱面，一髻拋出」的「拋家髻」，是盛唐末年京都婦女流行的髮式，也可以說是後唐後期流行的髮式中較為顯著的一種。

到中晚唐時，婦女的髮髻又效法吐蕃，流行梳作「蠻鬟椎髻」式樣，這種式樣就是將頭髮梳成向上，椎狀的一束，再側向一邊，並加上花釵、梳子來點綴。

晚唐、五代時，婦女的髮髻又增高了，並且在髮髻上插花裝飾，宋初流行的花冠便是延續唐末、五代用花朵裝飾頭髮的妝扮而來。唐人尤其重視牡丹花，將牡丹花插在頭髮上，更顯得嫵媚與富麗。

下：五代蜀宮宮妓，髮際遍插花枝柳葉並戴冠（明唐寅〈孟蜀宮妓圖〉局部）

總而言之，唐代婦女的髮髻式樣很多，更有各種不同的名

上左：頭插牡丹花的婦女，更顯嫵媚與富麗
(唐周昉〈簪花仕女圖〉局部)

上右：作蟬鬢的唐朝婦女
(唐周昉〈揮扇仕女圖〉局部)

稱，基本上大多喜好梳髻或鬟，也崇尚高髻，而且注重華美的飾物，貴族婦女尤其講究髮飾，各種髮飾琳瑯滿目，美不勝收。連身上都佩戴了各種飾物，像項鍊、手環、戒指…等。

唐朝婦女也很注重修飾鬢髮，而且都與髮髻的式樣配合，例如：蟬鬢、雲鬢、叢鬢、輕鬢、雪鬢、圓鬢、鬆鬢…等，有厚有薄，有疏有密，有大有小，有多有少，非常講究。一般而言，唐朝婦女大多偏好薄鬢，也就是所謂的蟬鬢。

臉部

面

女性在臉上抹粉是歷代以來一直未改變的化妝方式，到了唐朝，由於婦女非常時髦，也相當豪放，中唐以後曾流行過一種袒領服裝，裏面不穿內衣，袒露胸脯，因此除了臉部擦白粉外，甚至連頸部、胸部也都會擦白粉，具有美化的妝飾作用。

臉部所擦的粉除了塗白色被稱為「白妝」外，甚至還有塗成紅褐色被稱為「赭面」的，赭面的風俗出自吐蕃（即藏族的祖先），貞觀以後，伴隨唐朝的和蕃政策，兩民族之間的文化交流不斷擴大，赭面的妝式也傳入中國，並以其奇特引起婦女的模仿，還曾經盛行一時。

安史之亂楊貴妃死後，傳說有一種具有美容功效的粉叫作「楊妃粉」，這種粉產於四川馬嵬坡上，去取用這種粉的人必須先祭拜一番，此粉膩滑光潔，很適合女子使用，具有潤澤肌膚的美容功效，很明顯的，這和楊貴妃死於馬嵬坡的故事有密切的關聯。

五代時，面靨妝飾大大發展，婦女們往往以茶油花子所做成的大小花鳥圖案貼得滿臉都是，這種妝飾法在中原很少見到，根據史誌記載，這種妝飾品的產地在廣西，是用油脂做成的，平時放在小的鈿鏤銀盒子內，要用時取出呵氣加熱，就可以按照需要貼在臉上，這種妝扮為西北少數民族婦女妝扮共同的特點。

上：盛唐時期宮中婦女的妝扮
(唐張萱〈搗練圖〉局部)

中：滿臉妝靨的五代婦女
(敦煌莫高窟61窟供美人壁畫)

下：臉作三白妝、眉心飾梅花的五代婦女
(南唐周文矩〈宮中圖〉局部)

唐末五代時還有一種特殊的臉部化妝法，叫作「三白妝」，也就是在額、鼻、下巴三個部位使用白粉塗成白色，非常特殊。

頰

上：額飾花鈿，兩頰塗滿臙脂的唐朝婦女
〈新疆吐魯番唐墓出土弈棋仕女圖〉局部

中：淡淡的臙脂展現仕女的優雅風韻
(新疆吐峪溝出土唐婦女殘娟畫)

唐朝時流行妝紅，就是先敷白粉（鉛粉），再抹臙脂，一般趨勢是偏好濃妝。「一抹濃紅傍臉斜」，在臉上抹臙脂的作用其實就是類似今日女性塗腮紅的化妝法，當時女性對此的愛好比今人猶有過之，而妝紅從早期發展到唐朝也變得非常可觀，依顏色深淺、範圍大小而變化多端，濃者嬌艷、淡者幽雅，有時染在雙頰，有時幾乎滿面塗紅，有時候兼暈眉眼，加上髮型的變化，讓人目不暇接。

面靨的妝飾通常也是以臙脂去點染，在盛唐以前，妝靨大多畫成如黃豆般的兩個圓點，盛唐以後，面靨的式樣更為豐富，有的形如錢幣，稱為「錢點」；有的形如桃杏，稱為「杏靨」；有的更講究的還在面靨的四周用各種花卉圖案裝飾，稱為「花靨」，花卉圖案的位置不一定在嘴角，也有描繪在鼻翼兩側的。

晚唐五代以後，在服飾方面變得比較拘謹和保守，但這時期的面靨妝飾卻越來越繁複，除了前述的圓點花卉圖案外，還增加了鳥獸圖形，有的甚至將這種花紋貼得滿臉都是。

「斜紅」的妝式早在南北朝便有，唐朝此風更盛。連唐朝墓葬出土的女俑，臉上也都繪有兩道紅色的月牙形妝飾。一般而言，唐朝婦女臉上的斜紅大都描繪在兩鬢到頰部的部位，有的工整形如弦月，有的繁雜狀似傷痕。

額

唐代婦女也和南北朝婦女一樣，在額頭眉宇中心的部位敷撲黃粉，同樣稱作「額黃」，又因為黃色靠近頭髮，所以也叫「鴉黃」，在唐朝詩句中處處可見對此種妝飾的形容詞句，如「纖纖初月上鴉黃」、「額畔半留黃」、「額黃侵膩髮」「微汗欲銷黃」、「學畫鴉黃半未成」…。

花鈿的妝飾法，自秦至隋，主要流行於宮中，唐朝以後才廣泛流行開來。唐朝婦女在額頭使用花鈿妝飾的情形非常普遍（有時還使用在眉角），最為簡單的花鈿只是一個小小的圓點，在新疆吐魯番唐墓出土的一組彩繪泥俑，額部就塗有圓點是以金箔、色

上：以斜紅妝裝飾的婦女，額頭並飾有花鈿
（新疆吐魯番阿斯塔那唐墓出土泥頭木身俑）

中：畫圓點形花鈿的唐朝婦女
(新疆吐魯番唐墓出土泥俑)

下：貼梅花狀花鈿的婦女
(陝西西安東郊王家墳唐墓出土三彩俑)

額頭畫花卉狀花梳鈿的唐朝婦女
（新疆吐魯番阿斯塔那唐墓出土絹畫）

紙、魚腮骨、雲母片、螺鈿殼、茶油花子、翠鳥羽毛…等材質，以原形或剪鏤成各種花樣，用呵膠黏在額頭眉心位置，有時還貼在眼角，稱為「花鈿妝」。

呵膠類似現代人所使用的膠水，相傳由魚鰾做成，黏性很好，使用時只要對其呵一口氣，再沾一點口水，便能溶解黏貼。花鈿要從臉上卸下時，先以熱水一敷，便很容易撕下來。

花鈿的花樣以梅花為最多見，主要是受南朝壽陽公主梅花妝的影響，其次，各種花卉魚鳥也很多，有的還形如牛角、扇面、桃子……，有的更描繪成各種抽象的圖案，形形色色貼在額頭，有如一朵朵盛開的美麗花朵，鮮艷欲滴。

從顏色來看，花鈿的色彩比只有單一顏色的額黃要來得豐富，它的顏色大致可分為金黃、翠綠、艷紅三類顏色。有時是保留作為原料的材質本身的顏色為主去表現，如金箔為金黃色，魚腮骨、雲母片為白色，翠鳥羽毛為翠綠色，色紙則有各種不同的顏色……等等，有時則是依實際需要而染成各種顏色，變化多采多姿。

唐朝花鈿式樣圖例

唐張萱《搗練圖》

陝西西安出土唐三彩俑

新疆吐魯番出土絹畫

唐人《桃花仕女圖》

新疆吐魯番出土絹畫

新疆吐魯番出土絹畫

唐人《弈棋仕女圖》

敦煌莫高窟454窟壁畫

唐人《弈棋仕女圖》

敦煌莫高窟121窟壁畫

新疆吐魯番出土泥頭木身俑

新疆吐魯番出土泥頭木身俑

新疆吐魯番出土木俑

唐人《桃花仕女圖》

眉

兩漢時期那種纖細修長的眉型，直至隋代，仍深受一般婦女所喜愛。

在唐朝之前，婦女畫眉的材料主要都是用黛，到了唐朝才用煙墨畫眉，煙墨的製造在魏晉時代已經開始，當時是用漆湮和松煤作為原料，做成的墨稱為「墨丸」，主要用在寫字，這種製墨技術到了唐朝有了大發展，尤其五代時易水人張遇以善製墨聞名，墨質純淨細膩，當時宮中婦女很愛用張遇製的墨畫眉，因此，該墨被稱為「畫眉墨」。

唐朝畫眉風氣是歷代中最為盛行的（盛唐以後更出現過濫情形），各種眉型紛紛出籠，爭奇鬥艷，無所不有。從唐人畫冊及考古資料來看，唐朝流行的眉式先後大約有十五、六種以上或更多。畫眉材料主要以黛及煙墨來畫，並儘可能畫得濃、黑。

唐朝畫眉風氣的盛行，和帝王及士大夫的偏愛也有關係，依據史籍記載，唐明皇有「眉癖」，他對女性畫眉的重視比隋煬帝猶有過之，他在安史之亂逃難蜀中時，還有興致命令畫工畫「十眉圖」，以作為修眉樣式參考。這十眉是：鴛鴦眉（又名八字眉）、小山眉（又名遠山眉）、五岳眉、三峰眉、垂珠眉、月稜眉（又名卻月眉）、分梢眉、涵煙眉、拂雲眉（又名橫煙眉）、倒暈眉。這些式樣到五代還

非常盛行。雖然其中有多種眉型樣式並未在目前已出土的實物或古畫中看到，但由這些名稱不難想像當時女性在眉型化妝方面變化之多。因此，也在唐玄宗時期造成中國婦女畫眉史上的再一次高潮。

從眉型的演變過程來看，初唐流行又濃又闊又長的眉型，畫法變多端，有的尖頭闊尾；有的兩頭細銳；有的眉頭相聚；有的眉尾分梢。到了開元、天寶期間，則流行纖細而長的眉型，如柳葉眉、卻月眉。柳葉眉又叫柳眉，眉頭尖細，眉腰寬厚，眉梢細長，以秀麗如柳葉而得西，千百年來一直廣受女性的喜愛；卻月眉又叫月稜眉，比柳月眉略寬，兩頭尖銳，形狀彎曲如一輪新月，同樣因嫵媚秀美而流傳於後世。

大約從盛唐末期開始流行短闊眉，到中晚唐時更為明顯，我們從唐畫家周昉「簪花仕女圖卷」中可看得一清二楚，畫中仕女濃麗豐腴，眉型都是短闊往上揚的樣式。詩句「桂葉雙眉久不描」中所說的桂葉便是指這種短闊的眉型。而這時唐人在服飾方面也起了變化，講求寬大。

在元和、長慶年間，眉型除了粗短之外，又常將眉型畫得低斜如八字，也就是所謂的八字眉，樣式和漢魏六朝不太一樣，不僅更為寬闊，而且相當彎曲，眉

上：唐朝婦女的卻月眉
（敦煌莫高窟192號壁畫）

中：短闊眉
(新疆吐魯番阿斯塔那187號唐墓帛畫)

下：中晚唐婦女的桂葉眉，屬短闊眉的一種
(唐周昉〈簪花壁女圖〉局部)

左頁：唐朝婦女畫眉風氣盛行
(唐人〈調琴啜茗圖〉局部)

上：中晚唐婦女的八字眉（唐周昉〈紈扇仕女圖〉局部）

下：經過妝點的婦女唇式（新疆吐魯番唐墓出土〈弈棋仕女圖〉局部）

右頁：盛妝的盛唐婦女（敦煌樂廷〈環夫人行香圖〉家屬部份摹本）

型倒豎頭高尾低的情形更為明顯，換句話說，更接近「八」字的實體形狀。白居易在其詩中對此有生動的描寫：「烏膏注唇唇似泥，雙眉畫作八字低」。當時無論是宮中還是民間，八字眉都受到婦女普遍的歡迎。而八字眉配上以烏膏塗唇的化妝方式，便是所謂的「啼眉妝」。

一般而言，唐朝婦女的眉型雖然普遍偏好濃艷，但並不棄絕清雅，偶而也畫淡眉，尤以虢國夫人為代表，她一反濃妝，以天生的清秀麗質取勝。

唇

歷代點唇樣式最豐富的時期首推唐朝，在唐朝末年時，有名稱的便有：石榴嬌、大紅春、小紅春、半邊嬌、萬金紅、內家圓、天宮巧、淡紅心、猩猩暈、眉花奴、露珠兒、小朱龍……等，其變化多端不難想像。

從顏色上看，除了使用朱砂、胭脂本身的色調去表現唇色的濃淡外，唐朝婦女又喜用檀色，這從許多詩司中可獲得印証，「黛眉印在微黴綠，檀口消來薄薄紅」、「故著胭脂輕輕染，淡施檀色注歌唇」。

點唇的口脂發展到此時也有了一定的形狀，唐【鶯鶯傳】中描寫崔鶯收到張生從京城寄來的妝飾用品，在回信中提到：「兼惠花勝一合，口脂五寸，致耀首膏唇之飾」，可見當時的口脂已是一種管狀的物體，和現代口紅的形狀應該很近似。

唐朝時除了婦女使用口脂外，男子也有使用口脂的習慣，只是男子使用的口脂一般沒有顏色，只是一種透明的防裂唇膏。而婦女所用的口脂都含有顏色，而且為了妝飾，唇膏的顏色都具有較強的覆蓋能力，以便改變嘴型，嘴唇厚的可改畫成薄的；嘴唇小的可改畫成大的……，點唇的藝術美感就此產生。

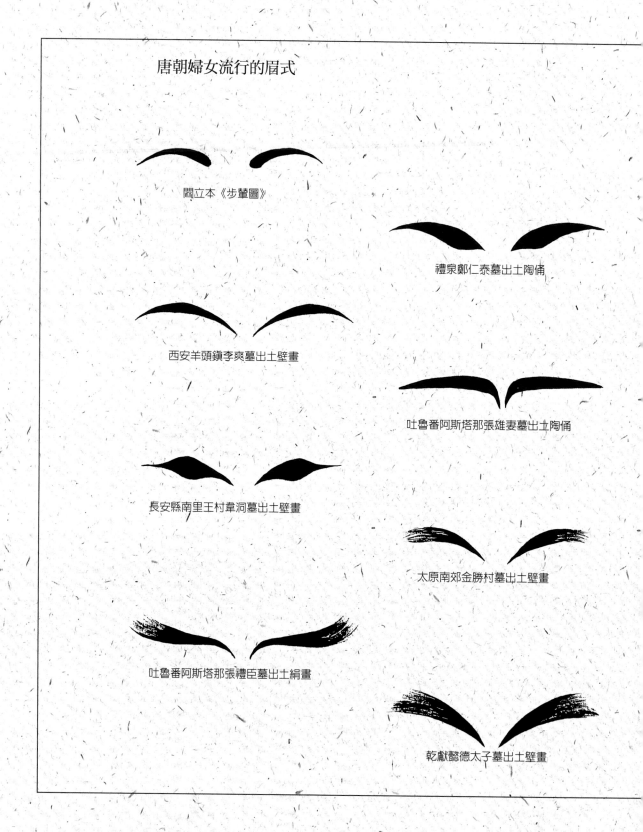

唐朝婦女流行的眉式

閻立本《步輦圖》

禮泉鄭仁泰墓出土陶俑

西安羊頭鎮李爽墓出土壁畫

吐魯番阿斯塔那張雄妻墓出土陶俑

長安縣南里王村韋洞墓出土壁畫

太原南郊金勝村墓出土壁畫

吐魯番阿斯塔那張禮臣墓出土絹畫

乾獻懿德太子墓出土壁畫

咸陽底張灣唐墓出土壁畫

吐魯番阿斯塔那張氏墓出土絹畫

周昉《紈扇仕女圖》

周昉《簪花仕女圖》

吐魯番阿斯塔那唐墓出土絹畫

張萱《虢國夫人遊春圖》

敦煌莫高窟130窟壁畫

敦煌莫高窟192窟壁畫

宋朝

（西元960～～西元1279年）

社會背景

唐朝滅亡以後，經過五代十國的分裂的局面，在西元960年，趙匡胤建立宋朝而結束了這段長期變亂的時期，使中國重新統一。但宋代版圖遠不及漢、唐，國勢也遠不及他們強盛。

宋朝建立之後，在經濟方面雖然有所發展，北宋時尤以汴京（即開封）最為繁榮，酒樓、茶坊、各種店舖到處可見，其中與衣冠妝飾有關的行業便有數十種之多。但宋朝是一個多難的朝代，其外患之多，史無前例，除了遼人外，又有西夏、金、蒙古的威脅，而宋朝在軍事上一再挫敗，求和納幣，再加上軍費和官俸的支出龐大，使得宋朝經濟日形見絀，而國勢更是岌岌可危，幸而人民民族意識還頗堅強，才能維持三百二十年之久，最後為蒙古所滅亡。

和宋朝同時並存的政權主要是北方的遼、金、元等，遼是契丹族，金是女真族，元則是蒙古族，這些北方民族入主中原以後，和漢族在經濟、文化、生活習俗等各方面互相交流，互有影響。

佛教在東漢末年時傳入中國，到唐朝初年大為盛行；而南北朝時北魏太武帝將道教定為國教，這使得中國人的思想起了大變化，在原有的儒家思想之外，開始滲雜了佛、道家的思想成份，於是，儒家的仁愛、佛家的慈悲（尤其是佛教禪宗的明心見性）及道家的自然，三大思想逐漸融合在一起，發展到宋朝，便成為一種研究心性與義理的學說，稱為「理學」。宣揚發揮理性，克制物欲，也就是「去人欲，存天理」，使得社會風氣轉趨保守、傳統，尤其注重禮教思想，相對地，對婦女的約束也日漸嚴厲。

金在西元1125年滅了遼，之後，蒙古先於西元1234年滅金，又於西元1276滅南宋，宋朝結束。

化妝特色

宋朝仕女清雅的裝扮
（宋佚名〈女孝經圖三才章〉局部）

宋朝因為理學興盛，主張去人欲存天理，統治階級為維護封建秩序，對婦女的束縛日趨嚴厲，他們認為普通婦女和娼妓是所謂的卑賤者，因此不許她們的服飾與尊貴者一樣，這使得當時社會的衣制妝飾受到消極的、禁錮的影響。

美學思想發展到宋朝也有了和以前不一樣的變化，在繪畫詩文方面力求有韻，用簡易平淡的型式表現綺麗豐富的內容，造成一種迴漫無窮的韻味。這種美學意識反映到女性的儀容妝飾上，明顯摒棄了濃艷，反而崇尚淡雅的風格。和唐朝婦女豪放濃艷的妝扮比較起來，宋朝婦女的妝扮傾向淡雅幽柔，可以說是前後兩個朝代對美的詮釋截然不同。

大致而言，宋代風氣比較拘謹保守，服飾妝扮趨向樸實自然，無論是式樣、色彩都不如前朝那樣富於變化。雖然宋代也流行過梳大髻、插大梳的盛妝，然就整體而言，還是不像唐朝那般華麗盛大；面部的妝扮雖也有不少變化，但也不像唐朝那麼濃艷鮮。總而言之，宋代婦女的整體造型給人一種清雅、自然的感覺。

頭髮

此時期婦女的髮式多承前代遺風，不過也有其獨特的風格，大致可分為高髻、低髻，高髻多為貴婦所梳，一般平民婦女則多梳低髻。

「朝天髻」是當時典型的髮髻之一，其實也是一種沿襲前代的高髻，需用到假髮摻雜在真髮內，在一些大都市中，婦女的髮髻都是朝向高大發展，尤其需要假髮的輔助，所以在當時還出現專賣假髮的店舖。

上：梳朝天髻的北宋婦女
（山西晉祠聖母殿彩塑宮女）

右：梳同心髻的婦女
(江西景德鎮市郊宋墓出土瓷俑)

下：梳流蘇髻的婦女
(宋人〈半閑秋興圖〉局部)

右頁：戴鳳冠的宋朝皇后
(南薰殿舊藏〈歷代帝后像〉)

「同心髻」也是宋代比較典型的髮式之一，與朝天髻有類似之處但較簡單，梳時將頭髮向上梳至頭頂部位，挽成一個圓形的髮髻，在四川成都、江西景德鎮、山西太原等地宋墓所出土的陶俑、瓷俑及木俑，都可看到這種髮髻。

北宋後期，婦女們除了仿效契丹衣裝外，又流行作束髮垂胸的女真族婦女髮式，這種打扮稱為「女真妝」。起先流行於宮中，而後遍及全國。

此外，還有與同心髻類似，但在

髮髻根處繫紮絲帶，絲帶垂下如流蘇的「流蘇髻」；曾經流行於漢、唐時代，到宋朝仍受婦女歡迎的「墮馬髻」；「懶梳髻」通常是教坊中女伎於宴樂時所梳的一種髮式；「包髻」是在髮髻梳成之後，用有色的絹、繒之類的布帛將髮髻包裹起來；「垂肩髻」顧名思義就是指髮髻垂肩，屬於低髻的一種。至於「丫髻」、「雙鬟」、「螺髻」，則都是尚未出嫁的少女所梳的髮式。

至於髮髻上的裝飾，大體沿襲唐代，但也有許多特色，名目很多，如飛鸞走鳳、七寶珠翠、花朵冠梳……等，通常是以金、銀、珠、翠製成各種花鳥鳳蝶形狀的簪、釵、梳、篦，插在髮髻上，做為裝飾。有的製作得比較繁複、華麗，有的製作得比較簡單，這當然是視各人的經濟條件而定了。

插梳於髮髻上的裝飾習慣由來已久，流傳至唐朝，所插梳子的數量大為增加，及至宋朝，婦女喜好插梳的程度與唐朝婦女相比，有過之而無不及，只不過插梳的數量減少了，而梳子的體積卻日漸增大，宋仁宗時，宮中所流行的白角梳一般都在一尺以上，髮髻也有高到三尺的，仁宗對這種奢靡的風氣非常反感，下詔規定不論宮中宮外插梳長度一律不得超過四寸。

珍珠在宋朝也倍受重視，宮廷中並以綴飾珠寶的多寡來定尊卑，皇后的冠上飾有大小珠花二十四，並綴金龍翠鳳，稱為「龍鳳冠」，而一般命婦只能戴飾珠花數目不等的「花釵冠」。

也有用彩帶來裝飾髮髻的，而在髮髻上簪插花朵，在宋朝不但普遍，且極為盛行，婦女們常配

合季節在髮髻上插不同的花朵，這種風氣使得鮮花價格大漲，於是假花應運而生。

在唐高宗時，婦女外出騎馬多流行戴帷帽以遮蔽面容，兼有裝飾的效果，到了宋朝，婦女外出時仍有戴帷帽的習慣，也有戴以紗羅做成的「蓋頭」。

婦女在頭上紮巾的習俗大約在漢末就已產生，至宋朝更為流行，而且紮巾的方式千變萬化，有自後向前繫紮的；有纏繞在額間頭上的；更有用巾子將頭髮全部裹住的…，在宋墓出土的實物中可以看到很多頭裹巾子的女俑。

臉部

上左：戴蓋頭的宋朝村婦
（宋李嵩〈貨郎圖卷〉局部）

上右：裹頭巾的宋朝婦女
(山西稷山白辛莊宋墓出土陶俑)

下：宋朝婦女的檀暈妝清新雅緻
(宋人〈妃子浴兒圖〉局部)

右頁：宋朝婦女的倒暈眉
(南薰殿舊藏〈歷代帝后像〉帛畫)

雖說宋代婦女的妝扮係屬於清新、雅緻、自然的類型，不過擦白抹紅還是臉部妝扮的基本要素，因此，紅妝仍是宋代婦女在化妝方法中不可或缺的一環。

此時期的眉毛式樣雖然不如唐朝豐富，但也有一些變化。【清異錄】一書中記戴，當時有個名叫瑩姐的妓女很會畫眉毛，每天都畫出不同的眉式，總共發明了將近一百種，創作能力實在驚人。

從古籍中對宋度宗皇后全氏面貌的描寫，我們可以知道方面、廣額、長眉、鳳眼這種面貌，應該就是宋代帝后最典型的臉部造型了。而從古畫像中也可以看到帝后及宮女的眉式，都畫成又濃又寬長，略為彎曲如寬闊的月形，且在雙眉末端以暈染的手法，由深漸淺的向外散開，直至墨色消失。這種畫法也就是所謂的「倒暈眉」。倒暈眉、橫烟眉、卻月眉等三種眉式都出自唐朝，所以說，宋朝婦女的眉式大致承唐、五代餘風，只是漸趨清秀而已。

此外，還可看到畫鴛鴦眉的式樣，這種眉式的形狀有如「八」字。又如遠山眉，自漢朝歷經魏晉南北朝、隋唐五代，至宋朝仍然流行。

宋朝婦女畫眉不用黛而是用墨，畫眉的方法仍承襲以往，先除去原來的眉毛，再以墨畫上想要的眉型，當時並已進展到利用篦等工具來輔助畫眉。

在額頭和兩頰間貼上花子妝扮的花鈿妝，流傳到宋朝仍廣受婦女喜愛。至太宗淳化年間，花樣又更多了，當時在京師裡，婦女們競相用黑光紙剪成團靨作裝飾；還有用魚腮骨來貼飾的（這種妝扮稱為「魚媚子」）；貴婦們更在額部、眉間及面頰上貼飾珍珠作裝飾，稱為「珍珠花鈿妝」。

垂肩髮，雲尖巧額，畫鴛鴦眉的婦女
（北宋河南白沙二號宋墓壁畫）

宋朝婦女也保留了唐朝五代以來，西北地方民族在眼部下方繪圖案的妝飾法，但不是很普遍，只能算是地區性的流行。

比較特別的是穿耳、戴耳飾，這本來是少數民族的一種風俗，最初用意並不是為了裝飾，而是藉以提醒女子時時注意自己的言行舉止，算是約束婦女行為的一種禮教，後來漢人仿效這種習俗，也成了約束婦女的一種禮俗。音朝時，因思想開放，婦女在許多方面都獲得相當程度的解放，所以那時並不時興穿耳，但到了宋代，社會風氣轉向保守，尤其注重禮教思想，自然婦女穿耳的習俗又流行起來了。從許多考古資料及出土的大量耳環實物，都足以証明宋朝婦女戴耳飾風氣的興盛。

遼金元朝

（西元916～～西元1367年）

社會背景

遼（契丹）、金（女真）、元（蒙古）雖然都是北方邊疆民族入主中原，但由於長期的胡漢文化交融，處處可看到彼此互相影響的痕跡。

遼在西元1125年被金所滅，金在西元1234年被蒙古所滅，蒙古又在西元1276年滅南宋，統一了中國，建立元帝國，元朝一共延續了八十九年的時間。

蒙古人以一個遊牧民族的身份統治偌大帝國，除了勇於作戰，精於騎射之外，在元朝初年，軍事時期尚未結束，根本談不上什麼政治制度。直到元世祖即位，起用漢人沿襲宋朝制度，基礎才由此建立。

元朝的領域非常大，國界東起太平洋西岸，北至西伯利亞，南至印度洋，西至多瑙河、地中海，已跨越歐亞二洲，對外貿易及航運非常發達。義大利人馬可孛羅自幼跟隨父親來中國，在中國住了17年，遍歷南北各地，回歐洲後，把他在東方所見所聞寫成一本書，盛稱中國的富庶、手工業發達及產品精良遠超過歐洲。可以說，元朝國際貿易之盛足可媲美商業革命以後的歐洲。

可惜蒙古人以邊疆民族入主中原，對儒術十分輕視，中國文化道統幾乎都遭到破壞，而且各種社會制度都含有民族歧視意味，使漢人異常不滿，而且元朝帝位的爭奪、順帝的荒淫無度，造成政治敗壞，群臣結黨傾軋，加上蝗蟲連年為害，人民陷於飢餓，終致群雄並起，滅了元朝。

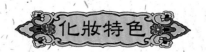

化妝特色

契丹、女真、蒙古都是遊牧民族，在與漢人有所接觸之前，長期轉居於邊塞，服飾妝扮都非常簡樸，直到逐漸漢化後，才變得比較講究及華麗。

頭髮

遼代婦女的髮髻式樣非常簡單，一般多梳作高髻、雙髻或螺髻，也有少數作披髮式樣。其次相當注意額髮的修飾，在遼．趙德鈞墓壁畫中可看到婦女「三尖巧額」的額髮式樣，是當時北方地區流行的一種額飾。

遼代婦女似乎頗善於運用巾子來作髮飾，單是以巾子裝飾頭髮

的方式就有相當多的變化，有以巾帶紮裹於額間作為裝飾的，也就是所謂的「勒子」；有在額間結一塊帕巾的；有用巾子將頭髮包裹住的……。

有一種稱為「玉逍遙」的髮飾，通常是年老婦人喜歡作的打扮，先是以皂紗籠住髮髻，就像紮裹巾子一般，再在皂紗之上散綴玉鈿。金代年老的婦女也沿襲了這種裝飾法。

還有戴一種形制如「覆杯」式樣圓頂小帽；也有喜歡戴冠子的。此外，還流行以彩色緞帶繫紮頭髮，在遼．內蒙古哲里木盟奈林稿出土的侍女壁畫中，就可看到梳各種髮髻的侍女，以彩色絲帶繫紮髮髻作為裝飾。

梳頂髻，飾額花的金代婦女
（金焦作新李封村出土加彩女俑）

左頁：遼婦女的各種髮結式樣
（遼內蒙古哲里木盟奈林稿出土侍女壁畫）

晢據【大金國誌】的記載，金代的婦女和男子一般都留辮髮，只不過，男子是辮髮垂肩，女子則是辮髮盤髻，稍有不同。女真族婦女不戴冠子，倒是常戴羔皮帽。一般婦女除了裹頭巾，還有以薄薄的青紗蓋在頭上而露出臉部，是屬於「蓋頭」的一種，也是早期女真族婦女的一種頭飾。而且金人不論男女都喜歡用彩色絲帶來繫飾髮髻。

元代婦女的髮髻式樣比遼、金時變化為多，一般婦女仍有梳高髻的，詩句「雲綰盤龍一把絲」，其中的「盤龍」就是一種高髻，也稱為「龍盤髻」。「椎髻」不但是平民婦女常梳的式樣，貴族也梳這種髮髻；「包髻」的式樣在元代仍可見到；「銀錠式」的髮髻式樣則是自晚唐以來侍女常梳的髮式，到元代時仍可看到。

此外，雙髻丫、雙垂髻、雙垂鬟、雙垂辮多為年輕少女或侍女所梳的髮式。而元代同金代一樣屬於辮髮種族，不過樣式並不相同，在元．陝西賀氏墓出土的女侍俑中，就有一種中分頭髮、結辮垂於肩的式樣，這種式樣在現代仍然看得到，梳這種髮辮的大多是女子或是小女孩，這種髮辮形式給人一種清純的印像。

婦女紮巾的習俗，由漢末流行至元代，歷久不衰。元代時紮額子的多為一般婦女，貴族婦女很少作這樣的打扮，一般婦女紮額子的方式通常是用一塊帕巾，折成條狀，圍繞額頭一圈，再繫結於額前。

曾經流行於盛唐裹在額上的飾物「透額羅」，到了元代，稱為「漁婆勒子」，不但可以固定髮型，而且具有禦寒的功能。

在南方婦所戴的頭飾中，以「鳳冠」最為貴重，而在蒙古族婦女的頭飾中，最貴重、最具特色的冠飾則是「罟罟冠」，「罟罟」原為蒙古語，也可寫作「顧姑」、「固姑」、「姑姑」……等，是蒙古族貴婦特有的禮冠，而且只有受有爵位的貴婦才能佩戴。

上：紮「額子」的元朝婦女
（山西芮城永樂宮純陽殿北壁壁畫）

唐朝婦女所裹的「透額羅」
(甘肅敦煌莫高窟130窟壁畫摹本)

臉部

遼代婦女在面部妝扮方面最大的特色，就是以一種如金色一般的黃粉塗在臉上，這種妝扮稱為「佛妝」，其由來和佛教有關。早在漢代，婦女就已開始作額部塗黃的妝扮，到南北朝時，佛教在中國的傳佈很盛，人們在日常生活各方面受佛教的影響極大，以致塗金的佛像也帶給婦女美容方面的啓示，於是額黃的妝飾法北朝時蔚為風氣，十分盛行。直到遼宋時期，還延續這種妝飾的習慣。

上：作花鈿妝的元朝婦女
（山西洪洞廣勝寺壁畫）

元朝婦女的一字眉
(南薰殿舊藏〈歷代帝后像〉畫像)

金代婦女有在眉心裝飾花鈿作「花鈿妝」妝扮的習慣，這在出土的壁畫中可清楚的看到。

蒙古族婦女也喜歡用黃粉塗在額部，有的還在額間點上一顆美人痣，這也是與佛教有相當密切的關係，當時人人以此為美，認為可增加媚態，於是，在額間點痣便順理成章的感為婦女面部妝扮中的一種方式了。

眉式方面，從后妃的圖像來看，不分年代先後，都畫成「一」字眉式，特色是不僅細長，而且整齊如一直線，再配上小嘴，看起來整齊、簡單。

整體來看，元代婦女的妝扮在順帝前後有較明顯的差異，之前一般多崇尚華麗，之後風氣轉為清淡、樸素，甚至有的連妝也不化了，粉也不擦了，這種現象也反映了當時社會、政治等各方面都衰弱不振的趨勢。

明朝

（西元1368～～西元1644年）

社會背景

元朝末年，在反元的勢力中，朱元璋是最後的勝利者。西元1368年，朱元璋稱帝，國號明，建元洪武，一直到洪武十四年，明將平定了盤據在雲南的元朝剩餘勢力，中國始歸統一。

朱元璋出身寒微，深知民間疾苦，即位以後嚴懲貪污，刷新了元末以來貪污的政風，而且他親身目睹元代豪強欺侮貧弱，因此立法多扶貧抑富，對於窮奢極侈的豪民，給與嚴厲的懲罰，使得明代初期的社會風氣比中期以後質樸得多。

蒙古入主中原後變更中國制度趨向胡俗，明太祖即位後，廢棄了元朝的服飾制度，上承唐宋，大力恢復漢族的各種禮俗，衣冠服飾全如唐朝，禁止辮髮椎髻，士民仍行束髮，此外並禁止胡姓胡語及各種蒙古習俗，不過明太祖對各種異族並不會有歧視之見。

明朝初期，建設雲南成為西南樂土，不僅西域各國臣屬於明，暹羅、日本與朝鮮也都歸服，可說國勢強盛，並為了宣揚國威而派遣鄭和出使南洋，鄭和以金銀、藥草作為聯絡南洋諸國友誼情感的工具，再以武力為後盾，使得他們心悅誠服的歸順中國，今日僑胞移民南洋之多，可以說是受到鄭和下南洋的影響。

自太祖開國到成祖在位，國勢強盛，成祖之後的宣宗、英宗，尚能保持，此後，國勢日衰，最大原因來自於宦官亂之以及倭寇的禍患。

明朝中期以後，主要的外患有三方面：韃靼、日本和滿清。韃靼的勢力比較弱，對中國還不致構成太大的威脅；當時倭寇對中國東南沿海的侵擾，前後長達三十年之久；同時，又與日本在朝鮮作戰了七年，使得國家元氣大傷，國計民生凋蔽不堪。

滿清是女真族的後裔，明人稱之為建州女真，金滅亡以後，女真族衰落，遺族大多散佈於東北地區，分為建州、海西，野人三部，明神宗萬歷四十四年（西元1166年）建州女真努爾哈赤自稱可汗，國號金，萬歷四十六年（西元1618年），努爾哈赤起兵與明軍交戰將近十年，死於熹宗天啓六年（西元1626年），其兒子皇太極繼位，改國號為清。

明朝末年，就在外患猖獗、內政衰頹、流寇為患、連年飢荒的各種夾擊下，一步步走向滅亡之路。明思宗崇禎十七年（西元1644年）吳三桂開山海關引清兵進北京剿李自成，事成後清兵欲入主中原，不肯撤兵，清世祖在北京即位，年僅六歲，由其叔多爾袞攝政。

明朝自明太祖開國至思宗自縊身亡，歷時二百七十七年，為明朝統一時的政局，之後，明宗室及遺臣相率輾轉南下避難，並以帝室為號召，組織民眾團結一致，企圖重建政權，但最後都被清兵所破，只剩下鄭成功尚在孤懸海外的寶島台灣繼續反清復明的掙扎。

鄭成功及其子孫在台灣為明朝延續了二十二年的歷史，才被叛將施琅率領清水師攻陷，明朝至此真正滅亡。

化妝特色

明朝前期，國家強盛，經濟繁榮，當時的政治中心雖在河北，然而經濟中心卻是在農業生產繁榮的長江下游江浙一帶，於是各方服飾都仿效南方，特別是經濟富庶的秦淮曲中婦女的妝扮，更是全國各地婦女效法的對象。

明朝前期仕女的裝扮
（名人唐寅〈牡丹美女圖〉局部）

中期以後，隨著國勢的漸走下坡，政治黑暗，經濟凋弊，民生經濟也大受影響，連原來頗盛的海上貿易也因倭寇侵擾情形日趨嚴重而遭受打擊，政府又取消市舶司，海上商業停頓，到了末期，民生經濟一天天加重，婦女在服飾妝扮方面的變化更是有限。

另一方面，自宋元以來，開始有崇尚婦女以小腳為美的劣習，

下：宋元以來以婦女小腳為美，圖為各式各樣的鞋
（台灣民俗北投文物館提供）

婦女在受到種種壓抑及摧殘下，妝飾儀容方面當然不可能有特殊的表現，更何況唐朝婦女的妝飾儀容已發展至極盛的巔峰，後人也不可能超越她們。

頭髮

明朝婦女的髮髻式樣，起初變化不大，基本上仍保留宋元時期的式樣，但在髮髻的高度上收斂了不少。

世宗嘉慶以後，婦女的髮式變化就多了。穆宗時，很多婦女喜歡將髮髻梳成扁圓形狀，並且在髮髻的頂部簪飾以寶石製的花朵，稱為「桃心髻」，配合這種髮型，年輕的女性還戴綴了團花方塊的頭箍。以後，又流行將髮髻梳高，並以金銀絲挽結，遠看很像男子戴的紗帽，只是髮髻頂上綴有珠翠。後來，婦女的髮式還曾時興較清雅的「桃尖頂髻」和「鵝膽心髻」，髮式趨向長圓的形狀，並不佩戴任何髮飾。

上：梳牡丹頭的婦女
（名人〈縫衣圖〉局部）

下：梳丫髻的婦女
(雲南大理中和村明韓進夫婦墓出土陶俑)

右頁：以綾紗羅帕裹在髮髻上裝飾的明韓婦女
(名人唐寅〈嫦娥奔月圖〉局部)

明朝婦女也梳模仿自漢朝「墮馬髻」的髮式，但不盡相同，明朝墮馬髻是作後垂狀，梳時將頭髮全往後梳，挽成一個大髻在腦後，當時梳這種髮式是屬於較華麗的妝扮。

「牡丹頭」是一種蓬鬆的髮髻，梳感後好像一朵盛開的牡丹花，這種髮式流行於明清時期。

明朝婦女也常用假髮，多數是以銀絲、金絲、馬尾、紗等材料做成「丫髻」、「雲髻」等形式的假髻，戴在真髮上。還有一種假髻稱為「鬏髻」，模仿古制，用鐵絲織成圓狀，外編以髮，比原來的髮髻高出一半，是一種固定的

髮飾，戴時直接罩在原來的髮髻上，以簪綰住頭髮，這種假髻稱為「鼓」，在明朝一些墓葬的出土品中都有這類的髮鼓實物。

到了明末，假髻的式樣更是不斷的推陳出新，在一些首飾舖裏，可買到現成的假髻，如「羅漢鬏」、懶梳頭」、「雙飛燕」、「到枕鬆」…等許多不同的假髮，真是琳琅滿目。

此外，也有包髻、尖髻、圓髻、平髻、雙螺髻、垂髻…，又運用頭箍發展出許多變化，總而言之，婦女的髮髻式樣時時翻新。

關於頭飾，明朝婦女多流行作包頭的裝束，也就是以綾紗羅帕裹在頭上，屬於髮髻紮巾一類的裝飾法，稱作「額帕」或「額子」，起初製作得較為簡單，後來逐漸改良，也注重式樣的剪裁，發展成一種裝飾作用大於實用目的的「頭箍」。不論是貴族婦女或是貧民婦女都普遍戴用，尤其是江南地區的婦女，向來為流行妝扮的先驅，一時蔚為風氣，頭箍於是成為明朝婦女頭上的一大特色。

和頭箍類似的另一種額飾「遮眉勒」，是從唐朝的「透額羅」演變而來，至於普遍流行於宋代的蓋頭，到了明朝仍有人戴用。此外，婦女也喜歡用鮮插飾於髮髻上，特別是「素馨」，也就是茉莉花。而盛行於宋朝，在髮髻上插梳的裝飾法，在元朝以後逐漸沒落，至明清時期，雖仍然有人插梳，但是已不多見。

隨著手工業的發達，明朝婦女頭髮飾物的製作技巧比以前更精細、優良，不但保有唐宋以來傳統的技術，同時還採用自西方傳入的燒烤琺瑯新法，在飾物的造型設計上也更為複雜、精緻，更有特色。

臉部

就整體來看，明朝婦女的面部妝扮雖仍舊少不了塗粉抹脂的紅妝，但已不似前面幾個朝代婦女面部妝扮的華麗那樣多變化，而是偏向秀美、清麗的造型。纖細而略為彎曲的眉毛，細小的眼睛，薄薄的嘴唇，臉上白白淨淨的，沒有大小花子的妝飾，清秀的臉龐越發顯得纖細優雅，別有一番風格。

當時人們欣賞女性外在美的觀點就像明代畫家唐寅所說的「雞卵臉、柳葉眉、鯉魚嘴、蔥管鼻」，這樣的造型在明朝文人的筆記、圖像資料中都可看到。例如明朝帝后圖像中便可清楚看到細眉的妝扮，而且眼睛的形狀也是細長的。

話說回來，固然明朝一般對女性的審美觀點是欣賞秀美、端莊的類型，但在芸芸眾生中，當然也有特別愛俏的婦女，她們以翠羽做成「珠鳳」、「梅花」、「樓台」等形狀的花子，貼在兩眉之間，以增艷麗，當時稱為「眉間俏」，其實也就是古代花子的妝飾法。

上左：明朝婦女的秀美裝扮
（明末沈士鰋〈彩桑圖〉）

上右：披雲肩、秀美的明朝婦女
（傳明仇英〈六十仕女圖〉局部）

下：穿耳、戴耳的明朝帝后
（南薰殿舊藏〈歷代帝后像〉）

清朝

（西元1644～～西元1911年）

社會背景

滿清入關之初，以不過是幾千萬人的小國要統治四萬萬人口的漢族，很不容易，因此採用「以漢制漢」的懷柔政策，利用明朝降將統領各省。直到反清勢力整個平定，統治權確立，才不再施行懷柔政策。

清聖祖（康熙）是一位明君，在位六十一年，勤政愛民，很關心民間疾苦，獎勵學術，內政修明；世宗（雍正）知人善任，用人唯才，對財政的整理效果最著；高宗（乾隆）起用山林隱士，轉變社會勢利的風氣，又輕徭薄斂，讓人民休養生息。清初從康熙到乾隆可以說是太平盛世，尤其乾隆之世，是清朝強盛到極點之時，只可惜乾隆在位60年，從他晚年開始卻漸趨荒弛。

清朝中葉，吏治敗壞，百姓窮困，內亂迭起，從苗亂、捻亂、回亂到白蓮教與天理教之亂，一波接一波，民不聊生，可說已埋下衰亂之源。除了內亂且外患交迫，俄國逐步佔領我國東北土地；法國佔領我安南；英國強佔我緬甸；西南藩屬也相繼脫離了中國；日本奪我琉球，併吞朝鮮…，各國都看穿滿清政府紙老虎的真面目，侵華野心日勝一日。

清朝末年，也就是十九世紀後葉，對中國人而言是不堪回首的，鴉片戰爭、英法聯軍、甲午戰爭等一連串事件，毫不留情的打擊全民，也暴露出清廷的怯弱無能。西元1895年甲午戰爭後，台灣成為日本的殖民地，身不由己的走上現代化之路。而隔著台灣海峽的清朝帝國，像個外強中乾的巨人，受到歐洲列強縛手縛腳，只能苟延殘喘的活著。

面對這樣的國家危機，知識份子忍不住起而救國，首先是康有為、梁啓超等所倡導的維新改革，雖獲得光緒皇帝的支持，但可惜受制於慈禧太后及許多既得利益者，以至不過百餘日便宣告失敗。

而　國父孫中山並曾上書李鴻章，在得不到回應後，選擇另一條打開困局、救國救民之路——推翻滿清，終於在歷經11次革命之後，建立了中華民國。

化妝特色

梳高髻，髻後垂背，披雲肩的清朝婦女
（清禹之鼎〈女樂圖卷局部〉）

滿清為女真族的後裔，所以在衣冠服飾各方面都還保留著女真族的習慣，順治元年，清人入關後，發出告示，強迫在其統治下的漢人須遵照滿族習俗，剃髮易服，不過遭到各地人民反對，加上當時大勢未定，為籠絡民心，清廷乃容許漢人保持漢族服飾。至順治三年，清軍攻下江南，大勢已定，於是厲行剃髮易服政策，不服從便殺頭，滿清這種殘酷嚴苛的做法，自然引起漢族及其他少數民族的強烈抗爭，最後清廷不得不略作讓步，接納了明朝遺臣金之俊的「十不從」建議，保留了部份漢族傳統的習俗。至於在宮廷中的婦女當然都作滿族的妝扮。

至清朝中期以後，滿族婦女的妝飾和漢族婦女之間的界限漸淡，互為仿效，還曾引起在上者的干涉，下令大臣官員之女不可模仿漢風，但時勢所趨，滿漢之間互相模仿的風氣有增無減，到了後期，更是交流發展到彼此融合的境地。

整體而言，明清以來，對女性的禮教約束很嚴苛，統治階級大力提倡「節婦烈女」，要求婦女「行步穩重，低首向前」，「外檢束，內靜修」…，婦女無論是一言一行、舉手投足都受到限制，在妝飾方面也就不可能有突出的表現。

頭髮

清朝婦女的髮式，也有滿式、漢式的分別，初時，還各自保留原有傳統，而後相互交流影響，也都逐漸產生變化了。

普通滿族婦女多梳「旗頭」（此因滿洲人也稱為旗人之故），這

盛裝的清朝滿族新娘，侍者梳兩把頭
（英JOHN THOMSON攝於十九世紀末）

右：一字頭〔兩把頭〕的正反面特寫
(英JOHN THOMSON攝於1870年代)

是一種橫長形的髻式，是滿族婦女最常梳盤的髮型。這種梳兩把頭、穿長袍、著高底鞋的裝束，可說是滿族婦女顯得格外修長的主因，至清朝後期，更成為宮中禮裝。

旗頭的髻式是將長長的頭髮由前向後梳，再分成兩股向上盤繞在一根「扁方」上，形成橫長如一字形的髮髻，因此稱為「一字頭」、「兩把頭」或「把兒頭」，又因為是在髮髻中插以如架子般的支撐物，所以也稱為「架子頭」。

「如意頭」與「一字頭」大致屬於同一類型的髻式，但型式上稍有差異，如意頭的形狀像一把如意略為彎曲的橫在頭頂後，不像一字頭那般平穩。

「兩把頭」的髮式逐漸增高，到了清代末期，發展成一種高大如

牌樓式的固定裝飾物，不用真髮，而是以綢緞之類的材料作成，在這種高大假髻上面又插飾一些花朵，成為固定的裝飾物，要用時只需戴在頭上便可以了；這種髮式即是所謂的「大拉翅」，大致成熟於晚清同治、光緒時期。

右：梳鉢盂頭的女嬪妃
（清佚名〈胤禎妃行樂圖〉局部）

左：梳鬆鬢扁髻的婦女
(清洋晉〈山水人物圖卷〉局部)

清初一般漢族婦女的髮型多沿用明朝的式樣，且又以蘇州、上海、揚州一帶為流行先驅的地區，當時流行的髮式有「牡丹頭」、「荷花頭」、「鉢盂頭」、「鬆鬢扁髻」…等式樣，「牡丹頭」流行於蘇州地區，因為規模龐大，往往需藉助假髮的襯墊，才能做出盛大的造型，並配合著也是蓬鬆而且光潤的鬢髮，以顯出牡丹的富態。此髮式由於廣泛的流行，後來並流傳到北方地區。「荷花頭」造型類似盛開的花朵，而「鉢盂頭」的形式則和覆蓋著的鉢盂頗為相像。這一類的髮型式樣大同小異，主要都是做成高且大的髮髻，兩髻又作掩顫狀，在髻後還拖著雙綹尾，獨具風格，極富誇張效果。

除了這些，清初一般漢族婦女還流行梳「杭州攢」髮式，就是將頭髮梳在頭頂上挽成螺旋式；並也有仿效漢朝「墮馬髻」的髮式，將頭髮作成倒垂的姿態；在揚州一帶還流行許多用假髮作成的髻式，這些髮髻的名稱有些非常有趣，有些非常雅緻，如「懶梳頭」、「羅漢鬏」、「八面觀音」、「蝴蝶望月」、「雙飛燕」……等。

清朝中葉，蘇州地區還流行「元寶頭」，這種疊髮高盤的髻式仍屬高髻，後來髮髻的式樣逐漸產生了變化，由高髻變成平髻，在髮髻的高度方面減低了不少，同時髮髻的盤疊也有了變化。北方人稱之為「平三套」，南方人則稱為「平頭」，此種髮髻多用真髮做成，而且較無明顯的年齡限制，老少咸宜。流行至此，高大髮式就漸漸衰微了。

隨著高髻的過時，起而代之的是平髻、長髻，在江南地區多流行梳拖在腦後的長髻，其它地區也相繼模仿，蔚為風氣。至光緒年間，婦女在腦後挽結一個圓髻或加細線網結髮髻的髮型，成為很普遍的梳妝法。年輕的女孩則在額旁挽結一螺髻，因為像蚌中的圓珠，所以有「蚌珠頭」之稱；也有一左一右梳成兩個螺髻的。

到了清末，梳辮逐漸流行，最初大多是少女才梳辮，後來慢慢成為一般婦女普遍都梳辮。

在額前蓄留短髮也是這個時期婦女髮式的一大特色，稱為「前瀏海」，本來是屬於較年輕女孩的打扮，後來也不限於年輕女孩，而成為一種流行的趨勢了，式樣更是越變越多，有「平剪如橫抹一線」、「微作弧形」、「如垂絲」、「如排鬚」、「似初月彎形」……等，而且從初時的極短到後來越留越長，甚至有覆蓋了半個額頭式的瀏海。到了宣統年間，更有將額髮與鬢髮相合，垂於額兩旁鬢髮處，直如燕子的兩尾分叉，北方人稱之為「美人髦」。

髮飾方面，滿族婦女在旗頭上插滿

各式各樣的簪、釵或步搖……，使旗頭顯得十分華麗，其質地與製作技術的精細，往往與使用者的身份地位、經濟能力有密切的關係，而且在上面多嵌飾各種珠玉、寶石、點翠，直到西方製作琺瑯品的方法傳入之後，琺瑯質的髮飾才逐漸流行。

一般漢族婦女的髮飾多沿襲舊俗，不過，清初漢族婦女，尤其是京師的婦女，髮髻上的裝飾物已較從前華麗。

上：梳旗髻的滿族婦女
（清孝貞顯皇后常服像）

下：戴勒子的清朝貴妃，勒子上飾以金“壽”字片
(清佚名〈胤禛妃行樂圖〉局部)

左頁：梳蚌珠頭的少女
(清費丹旭〈美人吹笛〉局部)

婦女在髮髻上簪花的風氣，直到清朝仍然盛行不衰。至清朝末期，婦女們又好尚珠花，用金、玉、寶石、珊瑚、翠鳥羽毛等製成，以此裝飾髮髻，增添艷麗。

宋元時婦女所流行的「遮眉勒」，至清朝仍是婦女額間的妝飾，稱為「勒子」或「勒條」，有的正中部位還釘一粒珠子，不僅被南方農婦普遍戴用，連宮廷的貴婦妃嬪也愛戴用，只是式樣及其料比農婦所戴用的更華麗、考究罷了。北方地區天寒地凍，婦女用貂鼠、水獺等珍貴動物的毛皮製成額巾繫紮在額上，不但保暖，又可作裝飾，稱為「貂覆額」，又稱「臥兔兒」，也稱「昭君套」。

年老的婦女常在腦後戴一種用硬紙綢緞做的「冠子」來固定髮

型，也有不戴冠子，只是用黑色紗網罩住髮髻，這種用紗網罩住髮髻的方法，沿用至今，現今市面上都可以買到髮網，除了黑色還有五顏六色的髮網，花樣多，式樣也俏麗十分。

臉部

明清時期婦女一般崇尚秀美清麗的形象，清朝婦女的眉式也像明朝婦女一樣纖細而彎曲，這從清朝帝后圖像及各種仕女圖中可清楚看到，模樣都是面龐秀美、彎曲細眉、細眼、薄小嘴唇。

上：明清婦女的曲眉
清胡錫珪〈秋思圖〉局部

下：頭紮巾面龐秀麗的清朝仕女
(清佚名〈仿緙絲美人〉局部)

右：戴朝冠的清朝乾隆皇帝元后像
(佚名清朝孝賢皇后像)

固然在當時一般人多崇尚秀美型的妝扮，不過，到了清朝後期，大約是同治、光緒時期，一些特殊階層婦女流行作滿族盛裝打扮，臉部也作濃妝，即「面額塗脂粉，眉加重黛，兩頰圓點兩餅胭脂」，到了這個時期，人們的審美觀點及妝扮型態自然是有大大的轉變了。

僅管皇帝三申五令禁止滿族婦女模仿漢族婦女的服飾及妝扮，然而終究壓抑不了多數婦女爭奇

左：套金護指的慈禧太后
〈慈禧寫真像〉

右：額頭圍勒子的清末上海婦女
(英M.MILLER攝於1860年代)

下：清朝末年淡妝雅服的婦女
〔約1870年〕
(台灣民俗北投文物館提供)

鬥艷的心理，尤其是慈禧太后當權之後，不論在服飾、妝扮、生活起居…各方面，都極盡奢華之能事。根據記載，慈禧十分注重個人的保養，生活作息習慣也都配合了美容養顏的原則，例如定時定量服食珍珠粉，並且在宮內還有一批專人專門為她研製提煉自天然原料的保養品和美容品，每天除了作臉部及全身的保養外，幾乎所有的食物中都添加了有益皮膚、養顏美容的成份。並且酷愛裝飾，即使是常服，也是質地極好、裝飾極華麗的緞袍，梳著兩把頭，髮髻上滿飾珠寶翡翠，左右手各戴一隻玉鐲子，留著長長的指甲，還戴著保護指甲的指甲套，指頭上戴著金護指、玉護指及寶石戒指…，其豪華奢侈的程度由此可見一斑。

婦女好施極濃胭脂的風氣，到了清朝末年才有改變，由於女子教育之風的興起，青年學生紛紛摒棄塗抹紅妝，改崇尚淡妝雅服，甚至不施脂粉，才改變了原來競作濃妝的風氣，而盛行了兩千多年的紅妝習俗至此才告一段落。

歷代婦女點唇樣式舉例

漢

（湖南長沙馬王堆一號漢墓出土木俑）

魏

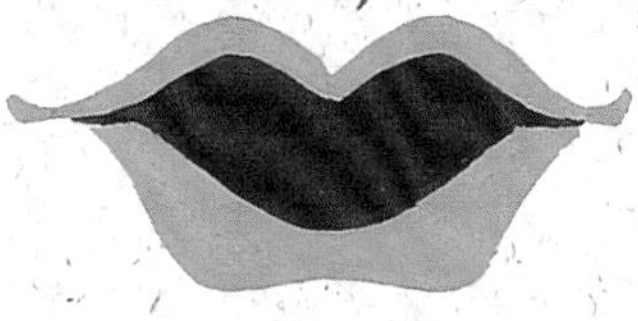

（朝鮮高丘高句麗壁畫）

唐

（新疆吐魯番出土唐代絹畫）

唐

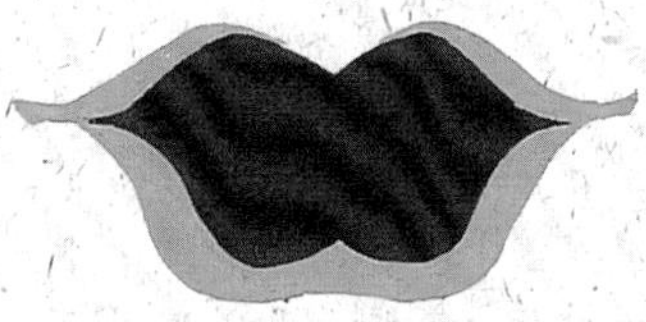

（新疆吐魯番出土泥頭木身著衣俑）

唐

（唐人《弈棋仕女圖》）

宋

（山西晉祠聖母殿彩塑）

明

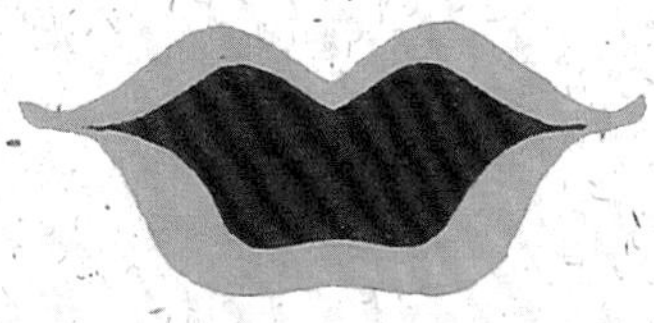

（明陳洪綬《夔龍補袞圖》）

清

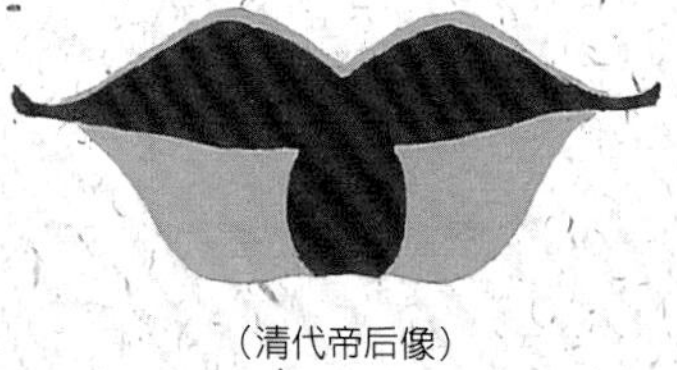

（清代帝后像）

清

（清無款人物堂幅）

中國歷史年代表

舊石器時代
約六十萬年前～一萬年前

新石器時代
約一萬年前～四千年前

夏
約西元前21世紀～西元前16世紀

商
約西元前16世紀～西元前11世紀

周

西周　約西元前11世紀～西元前771年

東周（春秋、戰國）
西元前770年～西元前221年

秦
西元前221年～西元前206年

漢（**西漢、東漢**）
西元前206年～西元220年

三國（**魏、蜀、吳**）
西元220年～西元280年

晉（**西晉、東晉、十六國**）
西元265年～西元439年

南朝（**宋、齊、梁、陳**）
西元420年～西元589年

北朝
(北魏、東魏、西魏、北齊、北周）
西元386年～西元581年

隨
西元581年～四元618年

唐
西元618年～西元907年

五代十國
西元907年～西元979年

宋（**北宋、南宋**）
西元960年～西元1279年

遼
西元916年～西元1125年

金
西元1115年～西元1234年

元
西元1271年～西元1367年

明
西元1368年～西元1644年

清
西元1644年～西元1911年

民國
西元1912年～

中國歷代婦女服飾

輔仁大學織品服裝研究所講師
暨中華服飾文化中心主任　何兆華提供

前言

對女人而言；不管古代或現代，追求新鮮、追求奇異、追求美是共通的特質，這股追求美的慾望，使得古今女子總在時代的潮流中，找到流行的脈動。傳統的服飾，在當時是很時髦的。俗稱中國為「禮義之邦」，服飾除表達美感外，更有強烈的社會規範在內，在古代社會，穿著合宜、合禮是很重要的事。因此，不同年紀、身份、場合都有穿著的禮儀，不合乎禮儀的服裝，就算再流行，也會招致批評，有謂「女為悅己者容」，這個對象並不只指夫婿或情人而言，更是生活周遭所遇的親人、鄰居、朋友、長輩，如何穿著得體，進而受讚賞，就是要花心思的事了。

服裝是人的第二層皮膚，隨著每個時代不同的審美觀，便有不同的表現。中國傳統文化中豐富的造型，就是在時代的轉變中，融合及觸發新的造型。一般而言，古代婦女對於流行風尚的追求主要基於兩個心理因素：其一是對於名人貴人的仿效心理，其次是對於外來文化中服飾形象的好奇與新鮮感，造成多采多姿的服飾。今日再回顧前人走過的足跡，並非一定要「厚古薄今」；認為古代婦女的服飾一定比今日豐富，只是持平地了解傳統中豐富的造型，體會古今之別，也從古代婦女的身上，習得穿著裝扮的智慧及巧思。

傳統婦女服飾的基本種類

中國古代婦女的服飾，歷代演變頻繁，且因國土遼闊，服裝也會因區域不同而有所差異；話雖如此，但仍然有共同的規律，如冠、髮型、服式、飾品在歷代的演變中仍然有其一脈相傳的傳統。故根據歷代『輿服志』、出土文物現存的壁畫雕塑等資料進行分析，以掌握古代婦女服飾的基本特徵與規律。

冠

『冠』是古代頭上裝飾的總稱，用以表示官職、身份與禮儀之用。古代后妃仕女所用冠的種類比男性少，但仍有少數種類為仕女所專屬。據稱古代冠的由來是模仿鳥獸的頭型改製而成，為求穩定，將鳥獸的鬚翳改成纓絡，並用簪貫穿在髮髻上以求固定。冠的材料除特殊冠（如鳳冠）外，多用布匹製成，是服飾中非常重要的一環。在婦女服飾中最重要的冠便是鳳冠了。鳳冠又稱后冠，為明制所用，最初用於皇族后妃，後來演變成結婚時的冠飾。冠前飾有鳳鳥，或九龍四鳳、大小花樹各十二樹，通常以金玉、寶石、珠翠為飾，

圖1 北京明定陵出土

是最珍貴的冠式。（圖1）

有別於冠的尚有巾與幘。古代婦女在平時並不戴冠而束巾，用以束髮使其定型與美觀，一般庶民婦女最常用結髮巾及巾幗。結髮巾是一種小幅巾，兩腳繫結在髻上，使成為同心結之狀，餘幅自然披覆在髮上（圖2）。巾幗則是絲織成的小套巾，

圖2 結髮巾

圖3 巾幗

圖4 女巾幞頭

圖5 帷帽

圖6 丱髮

正套結在髮頂的髻上，並用釵或簪固定在髻上，並飾以珠玉、花釵或步搖，是婦女專用的髻巾（圖3）。在唐代，女扮男裝的風氣十分盛行，因此有女巾幞頭（圖4），幞頭是由頭巾與包首蛻變而成，但並不是婦女常戴的裝飾。另有帷帽，帷帽原屬胡裝，一般用黑紗製成，帽子的四周有一寬檐，檐下垂有絲網或薄絹，長至頸部（圖5），又名「昭君帽」。這些不同的冠飾，一方面可整理髮絲，一方面也使得古代婦女雍容多姿。

髮型

古代婦女髮型甚多，髮髻的造型更是千變萬化。尤其結髻代表的是一個女子的成年，一般稱為「及笄」，也象徵到達婚配的年齡。事實上，不同年齡有不同的髮型；在尚未成年的女童，一般是將頭髮分成兩大股，對稱繫結二椎，放置在左右兩側的髮頂上，並在髻中引出一小揪髮尾，使其自然垂下，一般稱為「丱髮」（圖6）。成婦女的髮型，依其手法最多可分為六類：即髻、鬟、綰、疊、拧、結等手法，在不同的朝代、身份、年齡、個性、審美觀念而有不同。有關婦女的髮型，僅在「髻鬟品」中的記載就不下百種，最主要的表現可分為以下類型。

結鬟式：這種髮型是將髮絲分為多

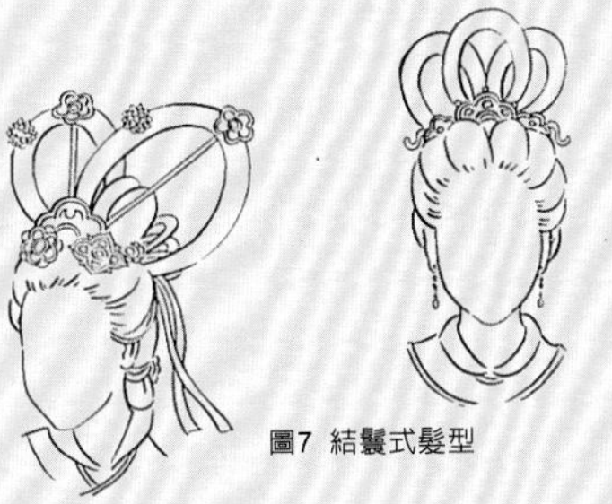

圖7 結鬟式髮型

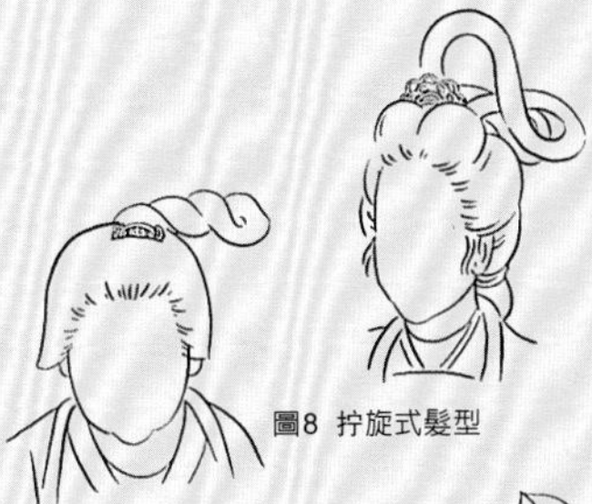

圖8 拧旋式髮型

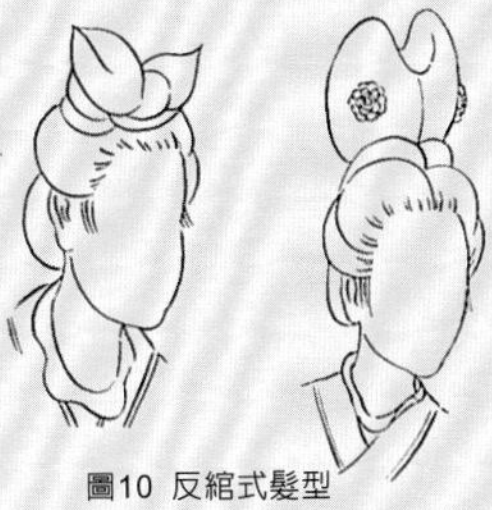

圖10 反綰式髮型

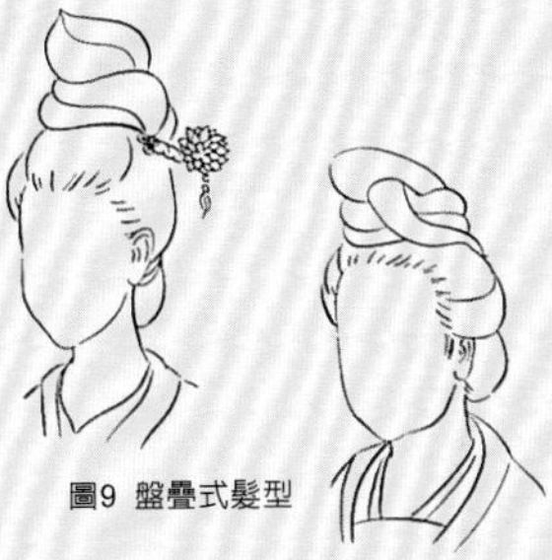

圖9 盤疊式髮型

圖11 結椎式髮型

股在頭頂結成鬟而來，有的聳立於頭頂，有的平展，有的垂掛，有時候還會加上假髮，以充沛髮量，再飾以各種珠寶、髮簪，非常地富麗堂皇，這種高鬟有一至九鬟，是最高貴的髮型。在永樂宮壁畫的玉女是最代表性的例子（圖7），一般是皇后貴妃與名仕夫人的髮型。最主要是模仿仙女的髮型，故又名「高鬟望仙髻」。

拧旋式：這種髮型相傳是甄后所發明的，主要是將頭髮分成幾股，像做麻花一樣地將頭髮蟠曲扭轉，最後纏盤在頭上，這種髮型又稱「靈蛇髻」，因為方便且變化多端，是古代仕女常用的髮型（圖8）。

盤疊式：據記載唐代長安的婦女好梳盤桓髻，造型高聳且不走落，號稱「螺髻」。這種髮型主要是將頭髮分成多股，後採用編、盤、疊等手法將頭髮疊成螺狀，在敦煌壁畫及永泰公主墓室壁畫中可看到很多（圖9）。

反綰式：反綰是將頭髮攏高再翻綰而成，是高髻的形式之一。流行於唐代，其手法多樣，又稱為「百花」。其方法是將頭髮往後梳攏，用絲線結扎，再分成若干股，翻綰出各種式樣，是宮妃仕女所好用的髮型（圖10）。

結椎式：這是古代婦女髮型中使用最普遍的方式，歷代皆採用。這種髮型是頭髮攏結於頭頂或左右兩側，再扎束成椎狀，可變化多種髮型。如「墮馬髻」、『椎髻』就是這種髮型的變化（圖11）。

服式

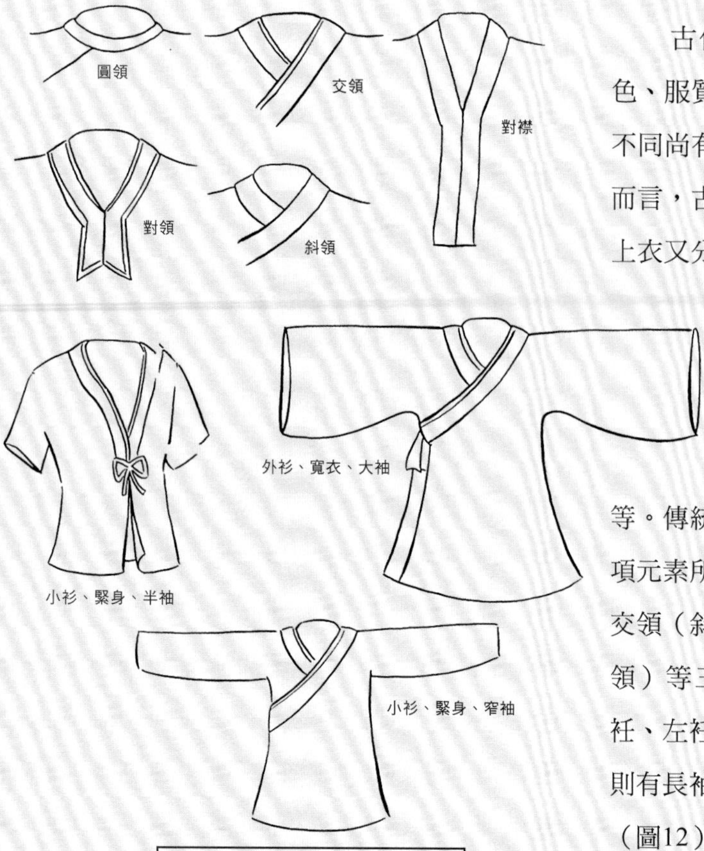

圖12 服式的基本元素：袖、領、襟

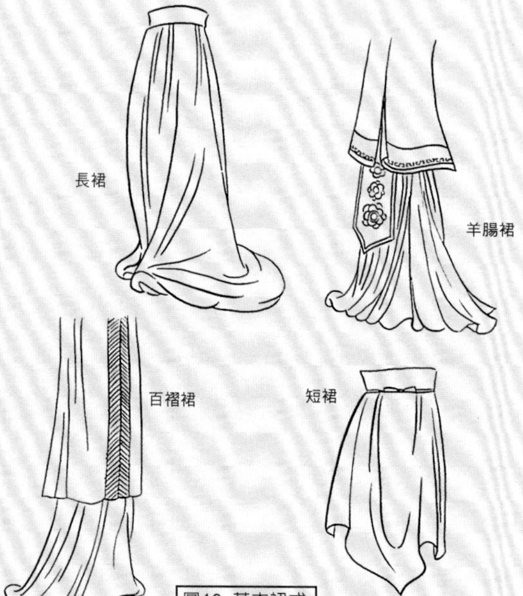

圖13 基本裙式

古代對於各階層婦女裝的服式、服色、服質、配飾都有確的規定，按身份的不同尚有禮服與宴居服之別。但一般整體而言，古代服飾分為上衣及下衣兩大類，上衣又分外衣、中衣、內衣三種，其中又以外衣的形式最多，有服、袍、衫、襦、半臂、褙子、襖、外帔、披肩等。下衣又分為裳、裙、褲、脛衣、襪、履、舄、鞋等。傳統服飾裡上衣又以領、襟、袖等幾項元素所變化組合而成。領的主要形式有交領（斜領）、直領（對領）、盤領（圓領）等三大型式。而襟的主要形式有右衽、左衽、對襟、袒胸等主要樣式，袖子則有長袖、寬袖、窄袖、半袖等幾種形式（圖12）。下衣主要以裙、褲、鞋為主；傳統的裙子有長裙、短裙、窄裙、羊腸裙、百折裙、旋裙等樣式（圖13）。

袍：是一種寬身大袖，有表有裏的一種夾衣，唐代以後各代的后妃、公主、貴夫人所穿著，多為交領與直領，領、袖及衣襬大多有緣邊裝飾，並綴有花紋為飾，長度過膝，下著長裙，一般而言是最隆重的禮服（圖14）。

衫：又稱「半衣」，有大衫、小衫之分；是較為平常的服飾。有一種是「外衫」，多是交領、寬衣、大袖；也有一種「小衫」，型式為緊身、窄袖、身長及腰。

圖14 袍的種類

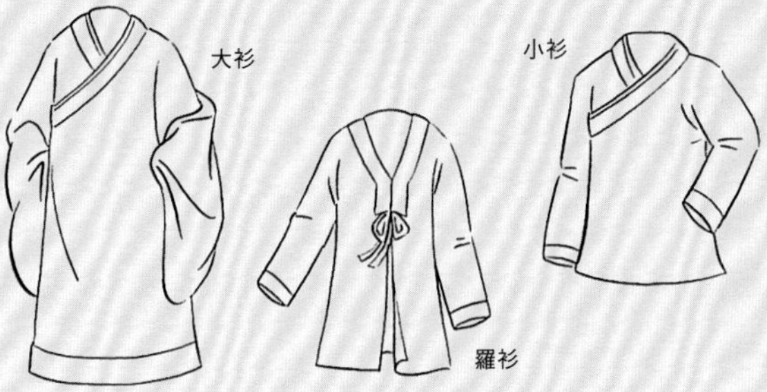

圖15 衫的種類

另外尚有「羅衫」，形式有寬窄兩種，為一般名流仕女的主要衣式（圖15）。

襦：是一種短衫，後來逐漸演變成無領、袒胸、窄袖的緊身短上衣，特別是唐代最為盛行。因為領型的不同而有寬領對襟襦、袒胸襦、圓領襦、對領半袖襦、交領窄袖襦等不同的形式（圖16）。這種服飾能表現優雅的體型，有溫文柔雅的氣質，故多為仕女所崇尚。

半臂：其形式似衫而去其長袖，常加在袍或服的外面，不分階級、性別、年齡皆可使用，是當時十分時髦的服飾（圖17）。

褙子：很像今日的長背心，宋代以後開始盛行。其形式很像古代的中單，但

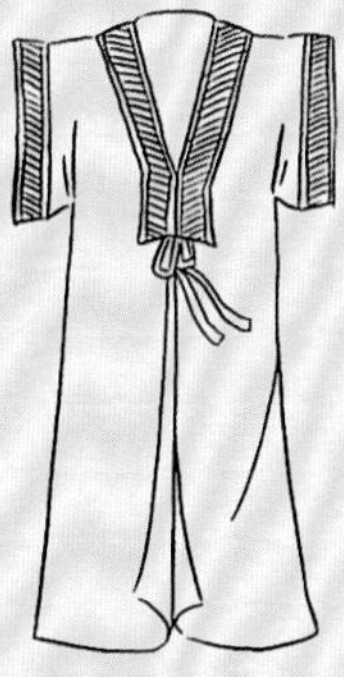
圖17 半臂

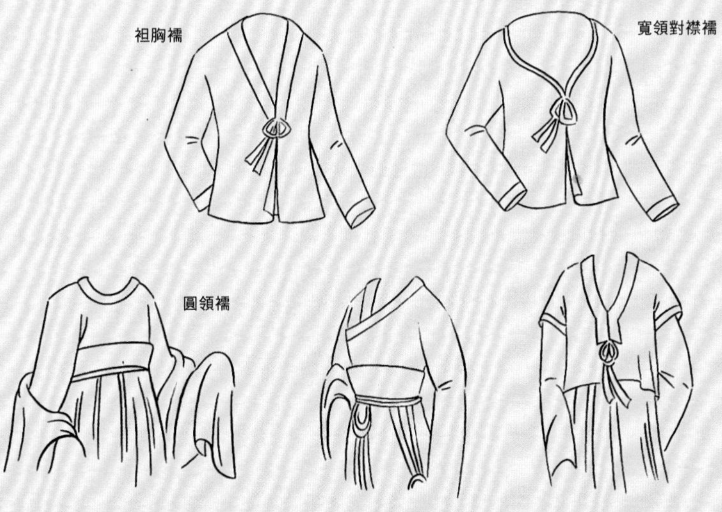

圖16 襦的種類

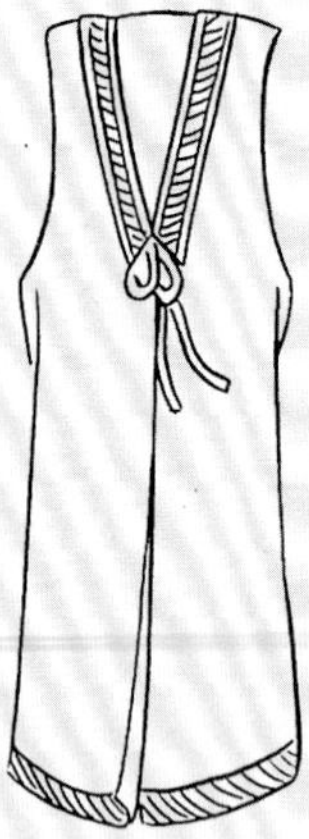

圖18 褙子

圖19 帔的種類

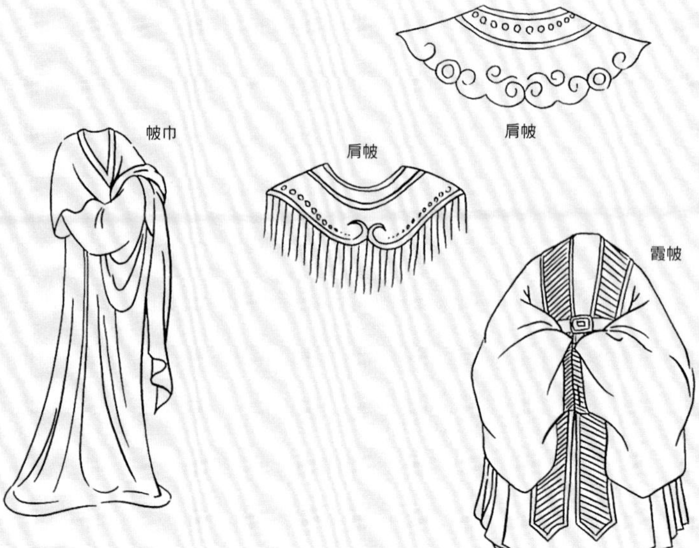

袖子挖掉；一般穿在衣裳之外，且不繫腰帶，讓它自然垂掛，是表現高雅的服飾（圖18）。

帔：又名「帔帛」、「帔巾」，一般指披在肩上的裝飾，依其形狀不同而有帔子、帔巾、短外帔、長外帔、肩帔及隆重場合所用的霞帔（圖19）。因為是裝飾用，因此在圖案、作法上多較為華麗。

以上不同的上衣搭配各式各樣的裙子或長褲（當然，古代婦女以穿著裙子為主）及鞋子，就有多采多姿的風貌。明代以後，纏足的風氣十分盛行，因此就有非常多樣的「三寸金蓮」，在整個服裝造型上，也起了相當大的影響（圖20）。

圖20
台灣民俗北投文物館提供

飾品

飾品在古代不僅僅是裝飾而已，更用以區別品級與身份。概括地來說：飾品可分為紋飾、面飾、佩飾、首飾等四大類，其中以服裝紋飾及首飾最為重要。所謂紋飾所指的是服裝上裝飾的花紋，包括衣緣、襴邊、團花裝飾、織花圖案等，這些裝飾使得服裝整個活潑耀眼了起來。

在服裝上的紋飾一般以團花最為豐富，其形式很多，都是以圓形做團，分飾於胸前、背後、兩肩；古代團花大多有豐富的象徵意義，最常見的有蝠雲團花、富貴牡丹、連雲壽、團鳳、團鶴、蝠壽及其它吉祥圖案如榮花紋等，這些圖案使得原本簡單的服飾豐富了起來。

首飾品是古代婦女重要的妝飾，造型種類非常多樣。大致而言：髮飾有簪、釵、珠花、勝、步搖等；項飾有項圈、長命鎖、項鍊、瓔珞等；耳飾有耳環、耳墜：手飾有手鐲、玉鐲、指環等。這些首飾常以珍貴的金玉、寶石鑲綴而成，在整個婦女服飾中有畫龍點睛的效用。

歷代婦女服飾

古代婦女到底是穿著什麼樣的服裝？又為什麼要如此穿著打扮？有什麼特殊的理由使得中國傳統的服飾迥異於西方的傳統？最早時婦女的衣服是什麼樣子？

相信這些問題大家都很好奇。究竟從使用樹葉、獸皮裹身，到利用棉、麻、絲綢織成服飾，要用多久的時間來演化？沒有人知道。但我們知道，距今兩萬多年前的山頂洞人遺址，裡面已經有豐富多彩的裝飾品：包括穿孔的獸牙、貝殼、小石珠、魚骨頭等，可以發現，美是從這麼簡單而簡陋的環境開始的。

傳統服飾在各朝代雖然各有特色，實際上卻是一脈相傳的。由商至漢一向是一深衣、寬衫、大袖、長裙為主。這類服裝商周已具有雛型，尤其是禮法的制定，使得服裝的階級性益發明顯。春秋戰國時期婦女服裝已豐富多樣，至秦統一對各式服飾訂定了規矩，使成為統一的式樣。漢遵循秦制，對服裝有了更進一步的規定，表現宗法制度下的規矩，再加上陰陽五行觀念的盛行，使得在服色上有了徹底的改變。以後各代皆有定制，但都是以漢代所定的規範為基礎而加以變化。

至隋唐時代，傳統服飾受胡服及外域的影響甚大，產生了褲褶，女子甚至以著男裝為流行；另外服式上以緊身窄袖為特點，於是巾、短襦、皮靴等風靡一時，產生中國傳統服飾的變革。後唐五代又罷褲褶而續用秦漢的深衣，但此時的服式已較為合身。宋承五代，續用深衣制，但長褙、瘦狹長裙、羊腸裙是當時的流行。

遼、金、元雖為異族，但服裝卻是本

圖22
清〈四庫全書〉

族服飾及唐宋服飾兼具，因此可分為蒙服及漢服，由於此時期，各個民族的服飾皆有，也是較為混亂的時期。

明代基本上承宋制，服飾以團衫、瘦長裙、百摺裙為主。此時服飾更為絢麗多彩。清代以滿族的旗服為主，女子服飾則仍承明制；所謂『男降女不降』，但清代的旗袍、大襟衫、百褶裙、大口褲已成為清代婦女服飾的特點。

中國婦女傳統服飾，一直是以袍、衫、裙為主，最大的變革應該是在民國以後；因為民主革命、西化、工業化的結果，現代婦女紛紛走出家庭，投入各種工作行列，傳統服飾已經不敷現代婦女的需求，因此褲裝、套裝紛紛出籠，也為傳統服飾劃下句點。

一、商周

早在商周就已經有了用植物纖維紡成的線及織成的布。在今天少數民族的服飾中還可以看到原始織布、穿衣的痕跡。雖然並沒有真正的服飾遺留下來，但從墓葬出土的玉人，還是可以了解當時的樣貌。

商周時代一般男子的服飾均為上衣下裳，但女子的服飾卻是以長袍為主，這樣長袍稱為『深衣』，后妃在禮服上又有禕衣、揄狄、闕狄、鞠衣、展衣、褖衣之分（圖22）。這六服在花色上雖有不同，但基本上都是交領、右衽、上衣及下衣連成一體的長袍。

在頭部裝飾上，大量使用假髮是很普遍的事。其中最著名的例子便是在左傳中對衛莊公的記載：他因為看到有一位大臣的妻子頭髮長得非長好看，硬是把她的頭髮剃光，用來做他妻子的假髮，這故事雖然有些荒誕，但可以了解當時對假髮的重視。在戴上假髮後，婦女們並用笄將頭髮固定，並在笄的頂端附綴下垂的珠玉，諸侯夫人最多可戴六件，身分越低自然就戴地越少。

二、秦漢至魏晉南北朝

傳統服飾在周代禮法制度下漸漸成熟，並在秦漢一統中國後，樹立起典範。由於紡織工業的盛行，當時已經能織造非常華麗、精美的織品，最著名的例子是在湖南長沙發現的馬王堆一號漢墓，發現了各式各樣的織品，是目前世界上罕見的絲織物寶庫。

此時期較為普遍的造型是：頭梳高髻、身著大袖寬衣、下著長裙、足著高頭絲履、繡花襪。貴族仕女頭上飾假髻，並插簪子、花勝、步搖等飾物（圖23）。一般庶民女子的日常服，則是上衣下裙，髻上飾以巾幗，裝飾較少。此時期最普遍的服裝有衫襦、掛袍、裙等裝束。衫襦的式樣有長短之分，一般多為斜領、寬袖，長至腰或膝，顏色以紅紫最為流行。衫襦之外多穿長裙，其中以裙長及地、下襬呈喇叭狀、腰高到胸部，呈現修長的體態。甚至在東漢末年，袖子逐漸加長加寬，成為當時最時髦的裝扮。

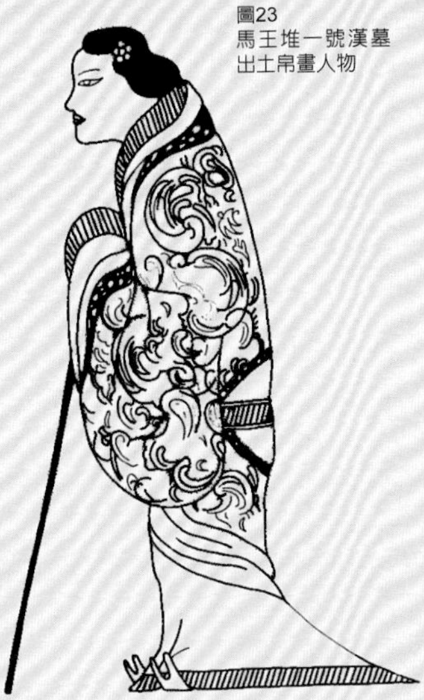
圖23
馬王堆一號漢墓出土帛畫人物

圖24　東晉顧愷之<女史箴圖卷>局部

秦始皇好神仙之道，於是「神仙髻」流行，漢武帝時的「飛仙髻」也因后妃穿戴而引起時下的流行。此外，當時梁冀的妻子孫壽是當時最時髦的貴婦人；據說這位夫人好穿「狐尾服」，而且「做愁眉妝、墮馬髻、折腰步、齲齒笑」，名謂「梁氏時裝」，深受當時婦女的喜愛。其中狐尾服是一種曲裾、大袖的單衣，腰間並繫以大帶以為裝飾。這種服裝在東晉顧愷之所畫的「女史箴圖卷」可以看到。此外，在該圖中也可以看到頭簪金雀釵、著上襦、長裙的婢女及穿著大袖長衣的貴族婦女（圖24）。

圖25　河南鄧縣出土畫像磚

魏晉時期還流行雙鬟髻、兩當衫和笏頭履的造型，在河南鄧縣畫像磚上可以看到（圖25）。這種服裝是當時流行的裝束，髮髻的造型和後來敦煌飛天的造型很相近，因此這種髮型又名「飛天髻」。而當時流行的兩當衫實仿自「兩當鎧」，是戰袍的一種，原來是男人的裝束，後來婦女也穿它，而成為當時的流行。

三、隋唐

隋代時間很短，服飾基本上沿襲魏晉南北朝時期之風尚，袍衫與胡服為當時主要的服飾。唐代由於經濟的發展、中西文化的交流，許多新穎的服飾紛紛出現，形成當時服飾的一大特色。胡服在此時的影響巨大，尤其是對褲褶服飾的產生，將秦漢時期那種交領、寬衣大衫、曳地長裙的服飾淘汰掉，轉為盤領、緊身窄袖、合身的短衫短襦、瘦長裙所替代，服飾較前代開放，強調體態的美感，配掛披或胡帽；鞋子除雲頭高履外還有小蠻靴。再加上織品的發展，許多輕薄細柔的布料被開發出來，因此透明、多層次的穿著開始引領風騷，披帛的使用就更為強調。此時期最代表性的服裝特色有：袒胸、高腰、帔巾、明市、男裝、胡服及所謂的『時世裝』等。

圖26 陝西乾縣唐永泰公主墓室壁畫

袒胸式服以永泰公主的墓室壁畫為代表；仕女多頭梳高髻（或螺髻）、修眉妝面、身穿袒胸短襦、肩披寬長的肩巾、緊身窄袖、內著抹胸、下服窄長裙、下穿高頭雲履（圖26）；是一般仕女常見的裝扮。

圖27 唐閻立本〈步輦圖〉局部

這時期仕女下裝多穿裙子，且腰束的極高，甚至高過胸部。裙色以紅、紫、黃、綠最多，而又以紅色最為流行。裙幅以多為佳，又常有間色裙，以閻立本「步輦圖」中仕女的服飾為代表（圖27）。

圖28 唐張萱〈搗練圖〉局部

帔帛是唐代婦女服飾的一大特色，這帔帛有寬有窄，但多以輕柔的織品為主，一般披在肩上，但也有披在兩臂的，從張萱的「搗練圖」可以看得很清楚（圖28）。

唐代婦女服飾最為人所稱道的是它所展現的性感魅力，是其它朝代所沒有的，其中最著名的便是明衣的使用。明衣原屬禮服的中單，是用透明的薄紗所製成。在以往是拿來當內衣穿著的，但盛唐時期卻將明衣拿來當外衣穿著，並稱為盛裝，在「簪花仕女圖」中所見到的薄紗衣就是最

圖29 唐周昉〈簪花仕女圖〉局部

明顯的例子（圖29）。

女扮男裝也是唐代服飾的特點之一，在陝西醴泉唐太宗昭陵墓中出土的彩繪紅陶女立俑就可看到女扮男裝的形象，她頭戴幞頭、穿窄袖圓領長袍、配腰帶、穿長袍、配腰帶、穿長褲（圖30）。另外也可以看到穿胡服、戴胡帽，女扮男裝的模樣；這些服裝有寬袖、窄袖，有圓領、翻領，以及烏皮六合靴，是當時很有特色的服飾（圖31）。

圖30 陝西醴泉唐太宗昌昭陵墓中出土女立俑

何謂“時世粧”？在白居易的新樂府詩「元和時世粧」形容地最具體；主要特徵為蠻鬟椎髻、烏膏注唇、赭黃塗臉、眉作八字形，表現一副慵懶姿態，其中以「宮樂圖」中的仕女為代表，圖中飲酒作樂的仕女，表現出富麗、慵懶的病態美，當時元稹「恨妝成」詩中有“柔鬟背額垂，從鬢隨釵斂。凝翠暈峨眉，輕紅拂花臉。滿頭行小梳，當面施圓靨”，是最佳的寫照（圖32）。

圖31 敦煌莫高窟159窟

圖32 唐人〈宮樂圖〉局部

四、宋

宋代婦女服飾的最大特點是崇尚瘦長的造型，服飾類別中以袍、衣、背心、裙、褲為主；其中窄袖合領、長褙子、半臂等盛極一時，是當時最新穎的服飾造型。頭梳椎髻，並飾花冠或巾幗。裙子也興起多褶的百襉長裙。顏色喜用鵝黃、粉紅、淺綠、淡青、素白等間色，表現柔和含蓄的美感，對後代影響至大。

女袍亦做長衣制，一般多為合領對襟開叉、襟上無紐袢，穿著時兩襟可以敞開。這種袍有兩種樣式：一種寬袖，一種窄袖。寬袖長袍為隆重禮儀時穿著，太原晉祠女官塑像之服飾為此類（圖33）。另外窄袖長袍係一般貴婦外出、宴客的長服，以錢選所作的「招涼仕女圖」中仕女的造型可看到（圖34）。這類服飾兩襟

圖32 山西太原晉祠宋女官塑像

敞開，襟、袖、下襬都綴有花邊一道。另外有對襟旋襖和窄袖袍很接近，宋人畫的「雜劇人物圖」中就可看到著花冠、對襟旋襖、加腰袱的服裝（圖35）。

圖34 宋 錢選〈招涼仕女圖〉局部

長褙子的使用是宋代服飾的最大時色，褙子是無袖的長上衣，俗名背心；最初是仕女居家的穿著。南宋以後，甚至成為正式的禮服。褙子的長度較隋唐長，有的與裙子同樣長，或長至膝下。宋代典型仕女的服飾就是：頭梳椎髻、身穿長褙子、對領結帶、內穿羅衫、下穿長裙、飾以彩縷玉珮，是當時最時髦的服飾，在南宋福州黃昇墓中，就有多件長褙子（圖36）。

圖35 宋〈雜劇人物圖〉局部

圖36 南宋福州黃昇墓出土

一般宋代仕女的下裝以裙子為主，但也有長褲。其褲子的發展，除貼身穿的合襠褲外，還外加多層套褲。甚至在「雜劇人物圖」中還可以看到襪褲的使用，宋代仕女有纏足的習俗，一般裙長皆不及地，便於露足；圖中婦女的彎頭短靴的比例，非常嬌小玲瓏，由此可見一般（圖37）。

圖37 宋〈雜劇人物圖〉局部

宋代織品非常發達，泥金、印金、貼金、彩繪、刺繡在服裝上廣泛使用，織品的質地多輕薄、飄逸，給人秀麗之感。

五、元

元代服飾通稱為袍，一般男女差異不大，都喜用華麗的織金布料及貴重毛皮；但由於民族性的差異仍有蒙制及漢制兩種。典型蒙制的冠服是以姑姑冠為主的袍服，交領、左衽，長及膝，下著長裙，足著軟皮鞋，是元代皇后貴妃所常穿著的服飾，以安西榆林石窟壁畫中行香蒙古婦女為代表（圖38）。

圖38 安西榆林石窟壁畫

圖39 元人〈梅花仕女圖〉局部

漢制的婦女服飾一般沿用宋代的樣式；以交領右衽的大袖衫或窄袖衫為主；也常穿窄袖的長褙子，下穿百褶裙，內著褲，足穿淺底履，這類服飾最能體現當時的特徵（圖39）。

六、明

明代仕女服飾有禮服及便服之分，禮服一般以寬衣大袍的大袖衫為主，而便服則為合身、窄瘦、修長的長襖與長裙為主。這時期雲肩、比甲（長背心）的使用最具特色。明式仕女服飾，崇尚窄瘦合身，一般以合領對襟的窄袖羅衫與貼身瘦長的百褶裙為主，是明代服飾的特色（圖40）。明代婦女也喜歡將宴居的比甲當外出服使用，配上瘦長褲或大口褲，也是一大特色。

圖40 明唐寅〈孟蜀宮妓圖〉局部

一般仕女穿著的長襖的形式仍是盤領、右衽、窄袖，領、袖、襟多有緣邊為飾，衣身窄長至膝，腰不束帶，不穿瘦長的百褶裙，尖足小履。明代纏足之風非常盛行，成為美的品評標準。服飾上多以團花為飾，喜用紫、綠、桃紅及各種淺淡色，至於大紅、鴉青、黃色等只有皇室貴冑才能使用。

明代仕女喜歡瘦長典雅的造型，頭上喜戴冠、花冠或巾幗，且在髮際常戴遮眉勒，這種造型盛行一時。

明代命婦的大禮服多沿用漢制，多為大袖寬衫，直領或合領，飾有直帔與霞帔，霞帔僅在皇帝賜服時才能使用。下穿百褶長裙，束腰帶，足穿繡花鞋（圖41），是明代貴夫人常見的裝扮。

圖41 明人〈朱夫人像〉

七、清

清代仕女的服飾有較大的變化，主要以旗裝為主，內容包括：旗袍、大衫、大掛、寬口褲，寬摺裙。這類服飾多為合領右衽、領、襟、袖飾有寬大欄邊以作為裝飾，袖短而口寬，長僅及手；袍在身側開高叉，下穿寬口大褲，足穿花盆鞋（圖42），是典型清代滿族婦女的服飾。

圖42 Thompson Studio 攝於清末

圖44 清佚名〈胤禎妃行樂圖〉局部

另外，尚有漢裝；沿續明代的風格。以大衫或大掛為外衣，合領右衽，袖短而寬，領緣、袖、襟皆飾有寬大的欄邊，下穿寬大的百褶裙，裙長至足，內穿寬口大褲，褲腳緣邊亦飾有欄邊裝飾，下穿繡花鞋，纏足之風亦十分盛行（圖43）。

圖43 Thompson Studio 攝於清末

在漢滿交流過後，有融合二族風味的大襟長掛出現，這種服裝是合領右衽，以滿族的高領、大襟緣邊、袖口寬大、衣長至膝的長掛配合漢人的髮型、長裙、繡花鞋而成的新造型，有時長掛外面還會罩上長褙子，有明代的遺風（圖44）。有些亦會套上坎肩（圖45），這是清代婦女服飾的特徵之一；其形制為高領右衽、無袖的夾衣，領、襟、衣緣同樣飾有寬大的緣邊，下穿寬口褲，足穿尖頭繡花鞋，也是很典型的造型之一。

圖45 清坎肩（又稱馬甲、背心）

清代原來是北方的遊牧民族，入主中原後，還是有部份習性未改；例如：滿族非常重視皮衣，並規定銀鼠、灰鼠、狐、紫貂四種皮衣要按季節穿著。且在花色圖案的運用上十分講究，『御香飄渺錄』中就記載：冬天要用黃色蠟梅花，秋天要用菊花，季節花成為清代服飾上的一大特色。而且各式服裝上都繡滿吉祥圖案，織品種類之繁多，也超越前代。

結論

傳統服裝在製作上，是屬於平面性的服飾，並不像西方服飾強調立體剪裁，這同時說明中國人在對美的欣賞傾向精神性，而西方則強調體態的美感，而這部份恰巧是中國人很少強調的；除了唐代以外。對於女人的欣賞，一般以柔美、纖細、優雅的女子較受讚賞，對於性感、健康、壯碩則不強調。

古代服飾在造型上，歷代差異並不大，但服式的演變卻是漸進的，雖然每個朝代的流行並不相同；但多以袍、衫、裙為主體。因此服裝的變化，一般以髮型、頭飾、領、袖、花紋、配飾的變化為主，由這此元素的改變，就形成多彩多姿的服飾。在服飾上的美感，則具有強烈的裝飾趣味，尤其是飾物的運用，使得仕女服飾充滿變化及點綴。

中國古代婦女在塑造造型時，首先要求儀容美；既要嫵媚動人，也要神采照人，其次講究姿態的合宜，不做誇張的動作，表現含蓄優雅的美。最後要求氣質的美感，重視神韻與修養，才不會落於俗氣。古今服飾雖有不同，但對美的要求卻是相同的。然而時代的改變，古代的標準並不一定合於今日，例如現代人對美的標準裡就加入了個性、健康、性感等因素，同時隨性自然地使用服裝，由這點看來，現代女子其實是比古代更自由幸福的。

近代人

化妝史

前言

清末民初，歐風東漸，歐美的一些習俗就好像一股浪潮一波一波的向中國推進，不只是對中國的傳統制度、經濟、政治有所影響，對婦女的服飾妝扮尤其引起很大的變化。

歐美由於十九世紀時女性使用化妝品的趨勢，使得許多化妝品廠商應運而生，到了二十世紀，隨著化學工業不斷的改良進步，以及生化科技屢有新研發，化妝品的種類不斷推陳出新，化妝技術也不斷的隨著時代潮流高潮迭起，逐漸蓬勃發展，蔚為一股世界性潮流，主導全球性的化妝演變，以致近代中國婦女的化妝法自然而然也受此大潮流影響，因此，在論述「中國近代化妝史」的過程中，難免會有一些近代西洋化妝史的影子，但脈絡仍以中國的化妝演變為主幹。

當我們在看歷代化妝史時，由於時空阻隔造成距離的陌生感，似乎一切都只能透過史籍圖片、文字記載及出土文物去了解，而談到近代化妝史，感覺就完全不一樣了，此處所界定的「近代」指的是中華民國建立以來，也就是二十世紀，從母親、祖母身上和口中，或是從曾祖母、曾曾祖母的照片上，我們都可以輕易的回溯到二十世紀上半葉，而本身若是上了年紀的女性，更是親身體驗過半世紀多以來的流行更遞，一切都那麼熟悉，彷彿昨日再現，因此，在「近代化妝史」篇採用較詳細的年代區隔，來回顧這一個世紀以來的流行演變及化妝特色。

從另一方面來看，以十年為一區隔單位也可以說是仿照服裝史冊的編排，一般而言，服裝之流行演變以十年為一分水嶺，根據分析，這或許因為每隔十年人心會有較明顯、突出的改變(無論是思想、喜好、價值判斷……等各方面)，使得流行風潮也跟著變化的緣故。化妝和服飾流行一樣，存在著某種程度的輪迴週期，而且會和各個不同時代的社會背景、生活型態、價值取向……有所關聯，因此化妝史也是以每十年為一劃分的標準。

其次，由於演藝明星的妝扮幾乎都引導流行，加上他們公眾人物的身份，正足以代表當時社會大眾成為流行代言人，因此，在「知名代表人物」的單元內，均以演藝人員為代表，大家可以從中獲得清晰的整體印象。

一〇年代

（清末～～民國8年）

社會背景

清末民初，中國逐步接受西洋文明，但整個社會民風仍然非常保守，以華人洋人並處，受西化最早的上海而言，就連舞台上的演出也不見女性擔綱，所有女角色均由男性扮演，穿著高領窄袖，故作扭捏。（直到民國二年才出現影史上第一位女演員嚴珊珊）

清末淡妝雅服的少婦
（台灣民俗北投文物館提供）

民國初建的中國仍處於政治動亂、社會改革的混亂局面。民國七年（西元1918年），歷時四年，至少死亡一千七百萬人的第一次世界大戰，在德國投降後宣告結束，隔年在巴黎舉行和會，中國列名戰勝國之一，原以為可以收回戰敗國德國在中國的所有特權，但列強都不願意取消在華特權，更明定將德國在山東的勢力給予日本。和約消息傳來，中國熱血青年憤怒到達極點，終於爆發了五四運動。

當時中國的知識份子對政治的黑暗可說是失望透頂，民國初建時所燃起的一點希望，都被軍閥割據、國家分裂、內亂頻仍的各種亂象所粉碎。

五四運動後，新派人士主張廢除舊有不良的習俗，例如纏足、穿耳等，並鼓勵女子走出家庭，接受教育。這使得婦女在觀念與生活上逐漸產生變化。

整體妝扮

此時的中國處於改朝換代的紛亂時刻，新舊思潮呈現強烈衝擊，使得當時婦女在思想上雖已有某種程度的求新求變，但在外表妝扮上仍舊顯得傳統保守。

服飾方面變化不大，一般都保持著上衣下裙的形式，上穿衫襖，下著長裙，袖口窄小且裁製的很短，以方便活動，年輕婦女則穿著窄而秀長的衫襖，領子很高，下穿黑色長裙。換句話說，均採直線的裁製方法，沒有腰身的曲折變化。

頭髮初期受到男子剪辮子影響，女性也曾流行過剪髮，但受社會傳統影響，不久便又恢復蓄留長髮，再挽成各式各樣的髻，年輕婦女則在前額留下一絡頭髮覆蓋，稱為「前瀏海」，式樣有一字式、垂絲式、滿天星式等多種變化。

化妝特色

傳統反對婦女在外拋頭露面的觀念尚未整個改變，加上電影事業也還不蓬勃，角色一律由男性擔任，沒有女明星，也就談不上由女明星領導流行。民國二年時雖然出現了中國電影史上第一位女演員嚴珊珊，但也只是個配角，直到民國九年，女演員的地位才受到肯定。

大體而言，此時的女性化妝非常簡單，眉型偏向細而長的柳月眉，並以朱紅的小嘴為主流。

影星嚴珊珊
(圖片資料來源：電影資料圖書館「中國電影七十年」)

左頁上：民國初年中年以上婦女的裝扮仍然非常保守

左頁下：留著「前瀏海髮式的少女（陳達明先生收藏）

知名代表人物

嚴珊珊雖未曾擔任過電影中的女主角，但她是中國電影史上第一位女演員，自有其開創與領航之地位存在。而早在辛亥革命時，她也曾參加女子炸戰隊，流露出現代新女性的特質。

二〇年代

（民國9～～18年）

社會背景

此時中國動盪的根源在於軍閥割據，造成國家四分五裂、內戰不休。國父 孫中山為了讓國家能真正統一，痛定思痛，改組國民黨，並決定培植具有現代化精神的革命軍隊，於是，民國13年在廣州黃埔島創建了陸軍軍官學校。

可惜 國父未能親見理想實現，隔年便病逝北平。由先總統 蔣公繼承遺志，於民國16年領導國民革命軍北閥成功，中國在形式上而言重歸統一。國民政府也開始著手各種建設。

而隨著歐美各種資訊的不斷引進，中國婦女不論是思想或妝扮都深受影響，女性的自覺逐漸甦醒，連帶地，電影、藝文等也都爭相以探索女性主權、婚姻、愛情等為主題。

國外的婦女解放運動也在此時誕生，英國首先出現參政的婦女，並促成婦女擁有投票權；法國服裝設計師解放了婦女的服飾；而留聲機的發明，更促成大眾音樂開始興起。到了二〇年代後期，持續的經濟不景氣，則使得人人都想逃避現實，從影片中去尋找希望與慰藉，這使得電影事業逐漸興盛。

整體妝扮

二〇年代師範女學生的裝扮

受婦女解放運動影響，女性撤除軀體的藩籬，服飾從拘謹的維多利亞時代款式徹底解放，部份婦女在穿著打扮上更是逐漸趨向男性化，短髮、長褲一一出籠。

法國名服裝設計師COCO Chanel（香奈兒）首先剪去一頭長髮、拿掉束胸束腰、穿著褲裝，成為當時一般婦女的典型妝扮。此外，德國包浩斯的工業革命，帶動大眾化成衣的普及，也簡化了服裝的線條及裝飾性。

國外因電影事業的興起，好萊塢影星的造型深深影響社會大眾，此時為卓別林默片的全盛時代，由於係黑白電影，為使影片中人物的臉部更有立體感，化妝方式非常誇張及明顯，並成為當時一般婦女模仿的對象。

東西互相比較，可明顯看出歐美流行風潮深深影響同時期中國婦女的妝扮。民國12年左右，開始流行短髮，一些時髦的女性不再蓄髮挽髻，而將頭髮剪成齊耳的直髮，前額垂覆瀏海。也有人以緞帶束髮，或以珠玉寶石做成的髮箍套在頭上。

服飾方面，旗袍雖然在民初即有人開始穿著，但是不普遍，到二〇年代以才逐漸流行，到了三〇年代則大為風行。

在二〇年代初期，樣式與清末旗裝沒有多大差別，隨後袖口逐漸縮小，滾邊也不像原來那麼寬。

到了二〇年代末期，因受歐美服裝影響，旗袍式樣有了明顯的改變，腰身緊縮、長度縮短，比以往更為合身，適度的展露女性曲線及腿部的美感。

民國18年，政府曾制定「服裝條例」規定，女子服飾有兩款：一為藍上衣、黑裙，一為藍旗袍。從此旗袍成為我國民族最具代表性的服裝。

化妝特色

國外的婦女化妝幾乎都以好萊塢影星的造型為模仿對象。此時期為卓別林默片的全盛時代，片中人物的化妝特色是膚色偏白，注重明顯的五官描繪，包括滿滿包覆著眼線、濃而長的假睫毛、暈開的眼影、明顯的鼻影及細薄但上圓的唇，非常注重弧度的表現。

或許由於民族性的不同，國內雖然也播放過卓別林電影，甚至也有製片人模仿推出好幾部類似影片，但卓別林式的誇張化妝方式卻影響國內仕女不深，當時國內女性的化妝仍著重於表現臉部柔和的神態、暈紅的雙頰及櫻桃小嘴，配合細長且尾部略往上挑的眉型，展現出溫婉之美。與國外誇張式的化妝印象大不相同。

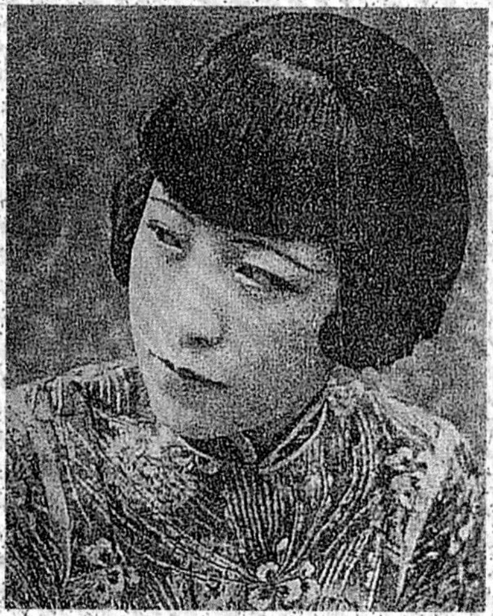

影星楊耐梅
(圖片資料來源：電影資料圖書館「中國電影七十年)

右圖：影星王漢倫
（圖片資料來源：電影資料圖書館「中國電影七十年」）

知名代表人物

王漢倫是早期中國電影界一顆光亮的明星，她長得雍容明麗，思想新穎，一雙小腳放大的「改革派」玉足，象徵著脫離封建社會的舊禮教枷鎖、追求自由平等的民初新女性，相當具有新時代婦女的代表性，很受觀眾歡迎。

另一位以作風大膽引人注意的女明星是楊耐梅，無論是螢幕上或是現實生活，她都香豔浪漫，表現大膽，又因個性喜好享受，每每奇裝異服，招搖過市，這在民風樸實的當時，難免讓人另眼相看。無怪乎被稱為中國第一位浪漫派女明星。

三〇年代

（民國19～～28年）

社會背景

1929年紐約股票市場崩潰，造成全球財政恐慌，可謂是把二○年代末期以來的經濟蕭條衝擊到極點。許多國家金融發生危機，企業紛紛破產，經濟崩潰之後引發大量失業，人們抱著「眼不見為淨」的駝鳥心態，紛紛躲進電影院中，藉著影片遠離現實滿足夢幻，以此獲得短暫的慰藉。好萊塢便是在三○年代興起的。

由於經濟不景氣的影響，整個世界逐漸瀰漫軍國主義的氣焰，紛紛走上擴充軍備、向外侵略之路，日本大受激勵，也加緊軍事整備，侵略中國。

此時期國民政府積極建設交通、改革財政和普及教育，並在1934年發起新生活運動，明列整齊、清潔、簡單、樸素、迅速、確實六項做為新生活的標準，以塑造具現代化品質的國民。

中國這一連串新興的氣象，令日本大為不安，加緊侵略行動，於1937年（民國26年）在北京蘆溝橋挑起戰爭，中國展開全面對日抗戰，兩年後歐戰爆發，第二次世界大戰初起。（全面展開則在1941年日軍偷襲珍珠港導致美國參戰之後）

整體妝扮

三〇年代是旗袍的全盛時期，變化極多。

下，三〇年代女性的妝扮有中西合璧的傾向

（陳達明先生收藏）

從世界經濟大恐慌到中日戰爭及第二次世界大戰，三〇年代真是一個動盪不安的時代，但在動盪不安中，流行卻依然有一席之地，無論是服裝，髮型或化妝，都漸漸自成一格。

隨著電影及攝影的盛行，三〇年代充斥著模仿熱，國內此時剛引進燙髮技術，電夾熱燙的波紋非常有規律，燙出來的波浪有強烈的高低感。大都市的時髦女性，不但將頭髮燙成鬈髮，更有人大膽的將頭髮染成紅、黃、褐…等不同顏色，並流行穿高跟鞋，以作為時髦的象徵。

旗袍發展到三〇年代，進入全盛時期，完全脫離原來的樣式，先後變化極多，高領、低領、長袖、短袖、袍長及地、及膝…等，整體而言，此時期婦女服裝的特色，一般仍以旗袍為基礎，再進一步在領、袖等部分採用西式服裝的裝飾方法，如荷葉

領、開叉袖等。

換句話說，三〇年代的婦女服飾，以傳統為基礎，再廣泛的吸取歐美服飾的優點，發展成一種中西合壁的樣式，加上海禁開放，外國衣料陸續輸入，更興起推波助瀾之效。

尤其是當時商業大城的上海市，宛如中國流行的中心，左右著流行的演變，此從當時盛行的歌謠——「人人都學上海樣，學來學去難學樣，等到學了三分像，上海早已翻花樣」——不難明瞭上海在流行妝扮方面的主導地位。

化妝特色

影星阮玲玉

就國外而言，三〇年代的化妝特色與二〇年代有幾分相同，膚色的表現以白為底，其餘重點化妝則都以圓為線條，圓臉、圓腮紅、半月型眉、圓唇等。

國內的化妝雖不像國外那般風行，但化妝技法到此時已有進步，重點仍在表現五官的柔美與立體感，除了運用色彩深淺修飾外，描劃的線條多以圓弧形表現女性的婉約之美，而優雅細緻的睫毛及纖細的眉型更是當時的特色。

知名代表人物

影星周璇
（圖片資料來源：電影資料圖書館「中國電影七十年」）

在動盪不安的社會背景下，我國電影界蒙受戰火的損害、經濟蕭條的打擊，各家公司都面臨不景氣的局面。

但中國電影也從三〇年代起進入電影史上最重要的時期，在此時期內，電影進展到有聲時代。由於國難重重，電影內容偏向宣傳民族觀念及愛國思想。同時，左傾勢力開始在電影圈潛伏發展，興起所謂「新派影片」。

演技生動自然的阮玲玉、周璇、胡蝶，是當時炙手可熱的影星，阮玲玉那波紋明顯的鬈髮及周璇包覆式下鬈的髮型，成為眾人模仿的目標。

四〇年代

（民國29～～38年）

社會背景

台灣光復前一中產家庭的合照

1941年，日本偷襲美國珍珠港，美國參戰，爆發太平洋戰爭，中國與同盟國並肩抗日。由於同盟作戰，美英兩國率先在1943年（民國32年）與中國訂定平等條約，其他國家也相繼聲明放棄在中國的各種特權。

解除了屈辱中國達百年之久的不平等條約，被列強佔領的土地也將收回，但中國並未從此獲得真正的自由與和平，此時期國民黨與共產黨之爭日益劇烈，而長年對日抗戰也導致大陸經濟混亂。

1945年（民國34年），美國在長崎廣島丟下了原子彈，日本投降，第二次大戰結束，歷時8年，犧牲了上千萬中國人性命的對日抗戰終於結束，而被日本統治達51年之久的台灣540萬島民，也回到了祖國的懷抱。

但苦難的中國立刻又面臨另一波災難，隔年，共產黨大舉叛亂，民國37年起，瀋陽、北平、南京、上海…等大城市相繼失守，民國38年10月，共黨成立「中華人民共和國」，年底，國民政府遷台。中國從此一分為二，隔著台灣海峽相望。

整體妝扮

四〇年代初期正值二次世界大戰方酣之際，一切奢侈的民生物資均被禁絕，流行特質不很明顯，女性因為曾參與戰事，貢獻一己的力量，他們的想法也轉向真實與簡單。

在大戰結束之後，西方人展望未來、滿懷希望，急欲再回復到戰前華麗燦爛的生活。1947年時，一代大師Christan Dior推出特別強調女性曲線、裙長過膝的套裝(美國傳播媒體稱之為「New Look」)，使受到大戰壓抑流行的愛美女性們充份得到滿足。

上：大戰期間，流行特質不明顯

下：日本統治下台灣少女的穿著打扮

右頁上：四〇年代社會風氣偏向自然樸實

右頁下：符合自然原則的臉部化妝

相對於二〇、三〇年代服貼略顯僵硬的髮型，四〇年代的髮型顯得親和多了，同時也比五〇年代流行的刮髮來的柔和。

國內則由於長期陷於戰事中，生活物質困難，加上共產

黨社會主義抬頭，更無暇顧及流行，一切以簡單方便為主要訴求。連在三〇年代大為盛行的旗袍，從四〇年代起，式樣變化也趨向緩慢，衣長、袖長均縮短，領子也放低，並省略許多繁瑣裝飾，符合簡潔、輕便的原則。

抗戰期間，一般民眾普遍穿著細藍棉布所做成的衣服，陰丹士林布袍因耐穿不易褪色，一度極為盛行，更被流亡學生所喜愛。

而大戰期間，中美之間的密切關係使得美國風在中國漸盛，此時正好是好萊塢電影蓬勃發展之時，受其影響頗大。在十里洋場的上海，名流貴婦最鍾愛的打扮便是完全西化的髮型及化妝，再搭配上傳統的中國式旗袍。

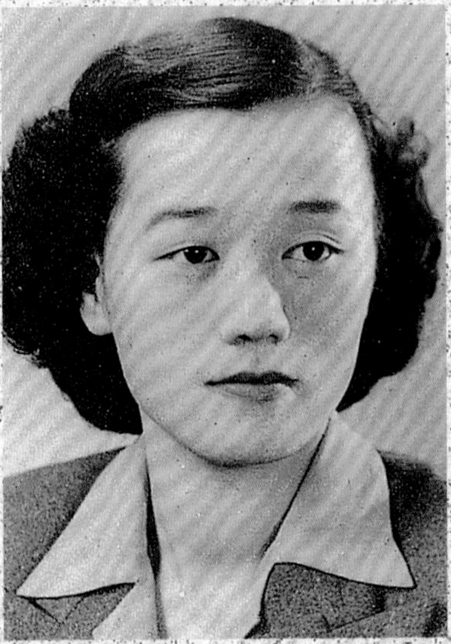

但若將鏡頭轉向日本統治下的台灣，整體流行風格又不一樣了。

清末移民台灣的人民百分之九十八以上都來自閩、粵兩省，可以說，台灣婦女的服飾風格係由沿襲家鄉穿著的大傳統中，再逐漸演變成一種地方風格。

日據初期，日人雖對台灣同胞施行同化政策，但對穿著並無嚴格限制，到了日據後期，由於對日抗戰開始，日人積極推行皇民化運動，才強制規定台灣人必須改穿西式服裝，以及和服。

到了此時期，台灣正當被佔領的末期，四〇年代末期又逢國民

政府遷台，受到日本與大陸兩方面流行的影響，顯現出中日混合風的流行型式，也是別具一格。

上：強調唇部，表現豔麗而稍豐滿的唇部

下：影星歐陽莎菲

（電影資料圖書館提供）

化妝特色

國內由於長期戰亂，整個社會風氣偏向自然樸實，流行特質普遍而言並不十分明顯，連帶地，化妝也符合自然的原則，以自然柔和而彎曲的眉毛為當時化妝特色，不側重眼線與眼影的描劃，但強調唇部線條，表現豔麗而稍豐滿的唇型。整體來看，四〇年代的美可以說是一種屬於內斂式的性感。

左：影星歐陽莎菲
（圖片資料來源：電影資料圖書館「中國電影七十年」）

右：影星白光
（電影資料圖書館提供）

知名代表人物

戰時，大眾的娛樂除了電影，還有舞台及歌曲。隨著收音機的傳播，使得一些歌藝不錯的影星聲名大噪，大受歡迎，其中以白光為代表，她以演女間諜、蕩婦、妖姬的角色而紅遍影壇。和她齊名的是抗戰勝利後，民國36年時，以主演「天字第一號」一片而走紅影壇的歐陽莎菲，她們都是炙手可熱的名影星，她們的妝扮多以上捲或使用髮膠的短髮為主，配上稍豐滿的嘴唇及改良式旗袍，明星架勢十足。

五〇年代

（民國39～～48年）

社會背景

隨著第二次世界大戰的結束，人們遠離痛苦，步向歡樂大道，對未來充滿幻想與希望，彷彿看到一切美好的遠景已在眼前展開。

國外的整個環境從此開始蓬勃發展，處處充滿進步及變化，社交聚會重新恢復，瑪麗蓮夢露和貓王也在此時期竄紅，成為當紅偶像。而在此時，青少年族群所形成的一股叛逆的新興力量，也逐漸抬頭。

上：五〇年代值戒嚴，妝扮趨於保守。

下：盛裝參加結婚喜宴的婦女

左：五〇年代的結婚裝扮

右：五〇年代的結婚裝扮

下：五〇年代的女性散發著溫柔的魅力

右頁：家境較富裕的婦女穿著以改良式的旗袍為主

反觀中國，國民政府從大陸撤退，台灣一下子來了軍、民兩百萬（佔當時人口的三分之一強），本省與外省的文化便在此交會融合。當然，其中也免不了矛盾與衝突。

由於人口的快速增加，使民生必需品的需要量激增，加上戰後的物質生活本來就困難，對台灣人民的生活再度造成衝擊，一般家庭只求溫飽，衣食以勤儉樸素為主。

民國39年，美國給予台灣大量援助，提供食物，衣服及其它物質，部份窮困的家庭為了獲得教會分發的食品及衣物，而上教堂聽道。

此時為戒嚴期間，一切趨於保守，社會仍屬農業經濟時代，民國42年起，第一期四年經建計劃開始實施，當時有「農復會」，促進

農業的發展；有「美援會」，移入資金和技術發展工業。這些措施，促使台灣經濟逐漸步上軌道。

而自從民國43年中美簽訂共同防禦條約，接著兩年後美軍協防司令部在台成立，隨著美國大兵的增多，台灣一些流行文化的現象也逐漸加入美式風格。

整體妝扮

二次世界大戰的勝利，奠定了美國在國際舞台上的重要地位，使其一躍而為世界各國之首，從此這個國家的一言一行都受到舉世矚

左：前粗後細長的眉毛及若隱若現的腮紅表現女性的魅力

右：傘狀摺裙搭配素色上衣是當時流行的裝扮

下：社會經濟困難的年代，婦女妝扮大多保守

目，在整體流行方面更是如此。

五〇年代末期美國可以說是貓王的年代，從他的音樂、髮型及服裝，不難看出流行的意象。

而台灣因處於戒嚴時期，社會經濟又充滿困難，一切趨向保守，再加上缺乏流行資訊，只能從電影明星身上一窺流行的風貌，以致流行的風潮傳播較慢，基本上以「恰如其份」來形容最符合當時的流行精神。

大陸婦女帶入旗袍式樣，由於強調曲線美、缺乏機能實用性及價格偏高，台灣一般女性不太能接受，以致旗袍逐漸演變成階級及身份的象徵。而台灣大多數婦女則仍保留日據時代的穿著風貌，大多以西式連衣裙為主。

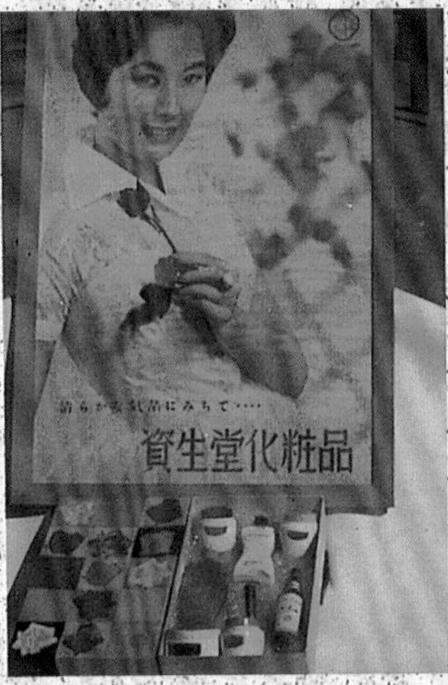

左：五官分明的智慧風範是五〇年代的化妝特色

右上：資生堂展開全省美容巡迴發表會，教導女性如何化妝

右下：資生堂初期進口的化妝品成為當時中秋節最受歡迎的禮盒

當時，化妝品、絲襪等算是奢侈品，雖然陸續有船員從國外帶入，成為追求流行的女性新寵，但由於數量有限，價格也不便宜，大多數的女性仍捨不得購買、使用。

民國46年，原本在日本資生堂化妝品公司擔任高級主級的李進枝先生，自日返台，在台北市仁愛路成立資生堂化妝品海外的第一個據點。由於風氣未開，初期只進口生產一些簡便的面霜及口紅，後來為推廣美的知識及教育民眾對化妝品的認識，該公司特地請日本美容專家蒞台展開「全省美容巡迴發表會」，使得色彩美麗的化妝品，慢慢在愛美的女性之間傳佈開來，資生堂也因此成為台灣首具規模的化妝品公司。

這時台灣地區除了資生堂化妝品公司之外，尚無其它本土化妝

品牌，只有少數進口水貨及一些地下工廠製造的產品，化妝品被視為奢侈品，愛美的女性在購買化妝品時大多遮遮掩掩，用報紙包起來，以免被人看見受到譏嘲愛慕虛榮。

總而言之，五〇年代的台灣家庭，物質生活均不富裕，在生活壓力下，女性比較無暇妝扮自己，只有在婚事喜慶時才會略作妝扮。當時訂做服飾的風氣頗為盛行，講究自然小巧的肩線，強調胸線及腰線，最常見的是以傘狀的摺裙搭配素色上衣，玲瓏凹凸的體態，配上有菱角的皮包、細跟的高跟鞋、絲巾，一頭赫本式短髮，便是當時最流行的風貌。

這種造型呈現一種安靜的華麗，整齊中帶著點不安的野性，主要與時代背景有關，自傳統、保守出發，要求恰如其份的感覺。這種混合溫柔與野性的魅力，潛藏著不容忽視的力量。

不難看出，五〇年代台灣追求流行腳步的女性，其服裝和造型均有如西片「羅馬假期」中奧黛莉赫本的翻版。

左頁上：睫毛濃密，重視上眼線，眼尾上揚的眼部化妝〔影星李湄〕

左頁下：偏向清新風格的化妝〔影星尤敏〕

左：呈側躺 7 字形的眉毛造型非常突出〔影星鍾情〕

右：此時期的化妝重點在眼及肩〔影星張惠嫻〕

（電影資料圖書館提供）

化妝特色

瑪麗蓮夢露的風情萬種，為五〇年代的全球女性塑造出獨樹一幟的女姓魅力，微翹的紅唇、眼尾上勾的眼線，若隱若現的腮紅，在在都令人難忘。

此時期的臉部化妝，整體而言，以呈現五官分明的智慧風範為主要訴求。眉毛前粗後細長呈側躺的7字形並稍微高揚，略帶剛強、自信；唇型開始強調加大豐滿；眼部重視上眼線，描劃超過眼頭，眼尾則誇張上揚，再加上濃密的睫毛，勾勒出靈活的眼神。此種化妝特色明顯受到蘇菲亞羅蘭、瑪麗蓮夢露等的影響。

流行色彩則以藍、綠、咖啡色為主。

左：影星李麗華
（電影資料圖書館提供）

右：影星林黛
（電影資料圖書館提供）

知名代表人物

在夜生活缺乏的五〇年代，看電影幾乎是僅有的娛樂消遣。向來以雍容華貴形象出現的李麗華，可以說是影壇的常青樹，此時正是她事業的巔峰時期，她那閃現智慧的眼神與性感的身材，非常符合當時流行的風潮。

五〇年代末期最負盛名的影星是林黛，林黛是亞洲影展中獲得最佳女主角獎次數最多的女明星，她那具現代感的亮麗容貌，在流行感的烘托下，光芒四射，只可惜29歲時便自殺身亡。

六〇年代

（民國49～～58年）

社會背景

六〇年代：女性開始走出家庭成為職業婦女

下：民國51年台灣電視公司開播酒會

經歷了繁華的五〇年代，工業極度發展之後，環保問題日益嚴重。其次，從五〇年代末期（西元1957年）開始的越戰，美國在六〇年代陸續派兵參戰，長期的戰爭死亡陰影，使美國社會大眾陷入絕望泥沼中，反戰情緒增高。而在五〇年代開始抬頭的年輕人族群，在六〇年代漸漸主宰了一切。這使得自由派開始風行，出現愛與和平宣言，並瀰漫頹廢、縱容的風氣。嬉皮也在此時興起。

上：六〇年代最早於台灣推廣美容教育的資生堂化妝品公司創辦人李進枝（右）及當時美容部經理李秀蓮（左）

下：流行資訊的發達對女性的妝扮有推波助瀾之效

加上女性革命（也有人稱為女性解放）的風潮以及日新月異的太空科技（1969年，美國阿波羅11號太空船登陸月球），這些事件都對六〇年代的社會造成影響。

綜合而言，我們可以回頭從四〇年代開始探究影響六〇年代社會背景形成的遠因，四〇年代的二次世界大戰使得大家形成一種同仇敵愾的意識，評論家認為這也是一種「制式」的現象，戰爭結束後，到了五〇年代，一切百廢待興，所有人都有共識以社會蓬勃發展為當務之急。個人文化在受到長期壓抑後，到了六〇年代，自然會出現反對「制式」的意識型態。

屬於五〇年代的物質文明不再受到重視，代之而起的是對精神層面的訴求，因此，各種新思潮、新觀念、新主義、新流行……應運而生。這也就是六〇年代反戰、反流行、反種族歧視……等思潮產生的最大因素。

台灣雖然未出現這股強憾的反制式意識及潮流，但六〇年代數萬名駐台的美軍顧問團團員及美軍電台，卻也在不知不覺中，將這些意識反應在流行上帶進台灣。

而這時的台灣在政府全力建設下，社會安定、經濟也漸趨成長，女性開始走出家庭，「職業婦女」的名詞首度出現。

民國51年，台灣電視公司開播，將台灣帶入電視時代，使民眾模仿影劇明星、名人等流行妝扮的機會更普遍化，世界各國的資訊取得也更迅速而直接。

國內的女性流行雜誌也在此時期出現，對提供女性各種相關資訊，發揮出相當大的作用。

上：當時流行的風貌之一

下：六〇年代前期女性穿著以裙長及膝為主

整體妝扮

以活力、衝擊與迷情來形容六〇年代，是最恰當不過的了。

從服裝的觀點來看，六〇年代和二〇年代一樣，同是服裝史上兩個極重要的分水嶺，六〇年代前期基本上是傾向簡明、變化少的風格，以長度及膝的長裙烘托女姓高雅的風姿，到了中期以後，流行風改變，短的不能再短的迷你裙興起並席捲到全世界。

上左：當時流行的A字裙

中：六〇年代流行「刮髮」（影星丁紅）

下：利用刮法技術向上盤梳的髮型是當時的風尚（影星凌波）

此外，也出現了叛逆、頹廢的「反流行風潮」，以嬉皮裝、破損褪色的牛仔褲及不化妝等型式，追求物質文明之外的心靈解脫，代表一部份族群渴望反璞歸真、崇尚自然和平的心態。這也造成了披頭四合唱團、阿哥哥舞成為流行主導，風迷了青春族群的現象。

也因此，當流行評論家歸結當時流行的特色，一致認為「青春」是六〇年代流行的最大特色，而沉迷於流

左：公衆人物的女性較注重整體裝扮（中為明星楊麗花）

右：無論流行如何變化，旗袍仍是端莊、典雅女性的最佳選擇

右下：從事美容工作的女性髮型均走在時代尖端

行中的年青人，更成為六〇年代流行的最大主角。

歐美此流行風潮經由報紙、電視、廣播及女性流行雜誌帶進台灣，使台灣的流行也呈現多元的風貌。

而隨著國外市場成長，出口機會擴大，台灣的成衣服飾工業也在此時迅速發展，西式服裝可直接以低廉的價格購買，影響婦女日常服裝的演變非常大。

六〇年代初期，台灣女性還流行高腰的公主線條服飾，接著流行活潑大方的褲裙，民國56年，英國設計師Mary Quant(瑪麗關)發表膝上20公分的迷你裙，引發全世界迷你裙狂飆，台灣地區也被捲入風暴中，之後，又有富懷古情調的迷地(mid)或迷嬉(maix)，喇叭褲裝、低腰短裙……等，而最具特色的便是以高領、削肩、A-line迷你裙為表現的阿哥哥裝，是六〇年代最具魅力的流行。

髮型方面，在六〇年代初期，利用「刮髮」技術向上挽起盤梳的髮型仍是當時風尚，到後期則趨向自然，不再以誇張的刮髮造型為主。這時也正是迷你裙、喇叭褲逐漸流行的時候，墊高的粗「麵包鞋」與阿哥哥式的裝扮，蔚為風尚。

化妝特色

國外女性在六〇年使用保養品及化妝品的情形已經相當普遍，化妝色彩尤其豐富多變。國內一般婦女的化妝風氣還不普及，頂多擦個粉及口紅，但公眾女性如演藝界明星及追求流行、經濟較寬裕的女性，則都緊跟著國外流行的腳步。

上：化妝品公司經由美容講座推廣化妝技術

下：六〇年代作臉部保養的大多是經濟較寬裕的女性

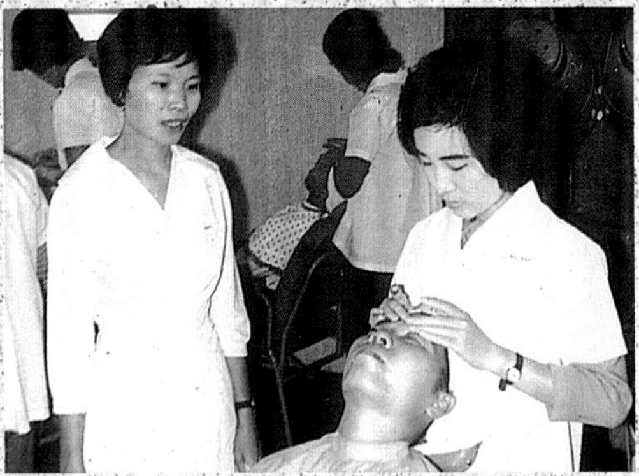

此時期的化妝較五〇年代誇張些，眼部化妝大量使用濃而密的假睫毛與睫毛膏，並使用眼線筆繪出下睫毛，搭配原有的睫毛，使眼部顯得更誇張。眼線部份，除了繪出些許下眼線與雙眼皮外（使用高明度的珠光白色彩），上眼線在線尾處加強上挑及加深，唇型依舊豐滿，並使用色彩鮮艷的唇膏。

細眉再度成為焦點，但細長的程

上左：假雙眼線是眼部化妝特色〔影星何莉莉〕
（電影資料圖書館提供）

上右：眼部化妝使用濃而密的假睫毛及睫毛豪，並用眼線筆繪出下睫毛〔影星胡燕妮〕

下：影星唐寶雲
（電影資料圖書館提供）

度不像三〇年代那樣誇張，表現方式是前粗後細帶有角度。

到了六〇年代後期，眉毛從濃轉淡，不再帶角度，豐滿的唇型也轉為收斂，臉部化妝重點放在下眼線的勾勒與假睫毛的使用。

知名代表人物

六〇年代正是香港邵氏電影王國的黃金時期，1963年，「梁山伯與祝英台」在台上映，造成連映三個月、萬人空巷的局面，也使凌波、樂蒂的聲譽如日中天；此外，如尤敏與晚期的江青、胡燕妮、李菁等，

也都是知名的影星。

而台灣電影也在此時期進入彩色世界，以「健康寫實」的主題為國片開發出新的路線，知名人物有張美瑤、唐寶雲與六〇年代末七〇年代初的甄珍，她們自然清純的模樣，有別於一般影星的艷麗，顯得格外清新。

上：影星樂蒂
（電影資料圖書館提供）

下左：影星張美瑤
（電影資料圖書館提供）

下右：影星李菁
（電影資料圖書館提供）

從化妝品的宣傳海報可明顯看出六〇年代後期化妝的特色（SHISEIDO 宣傳海報）

七○年代

（民國59～～68年）

社會背景

1973年，全球石油能源危機的發生，打破了社會大眾的價值觀，在日益惡化的經濟情勢中，消費意識大幅改變。

七〇年代對台灣而言，更是許多重要轉捩點的時期，包含民國60年退出聯合國、民國61年中日斷交、民國62年通貨膨脹（全球石油危機）、民國64年先總統 蔣公逝世、民國66年在野黨反對勢力崛起、民國68年中美斷交暨第二次石油危機導致通貨膨脹……等，稱得上是波瀾洶湧，暗流不斷。

鄉下地區也受到迷你裙風暴的影響

下左：七〇年代初期，迷你裙仍是年輕女孩的最愛

下右：七〇年代的裝扮呈現俐落、自然感

但國內經濟在此時已經到達穩定成長的階段，不但加工業蓬勃發展，十大經濟建設的推動更全力進行，全國上下民眾莫不以「莊敬自強、處變不驚」的精神，共體時艱，積極建設。

上：連機關行號女性的穿著打扮都搭上流行列車

下：喇叭褲（左）在樸素中透露著輕盈

整體妝扮

延續六〇年代的個性主義，造就了七〇年代年輕人特立獨行，野性叛逆風格的形成。在七〇年代中期，經過一番蛻變，衣著怪異、性格叛逆、追逐摩登潮流的龐克族，逐漸取代了穿皺巴晦暗衣服搭配喇叭褲與靴子的嬉皮族，換句話說，重金屬搖滾風主宰了七〇年代流行的趨勢。

而國內在面對種種衝擊下，提出自立自強及勤儉建國的口號，使得流行強調返璞歸真，服飾開始走向輕便搭配，上衣一般以大翻領緊身花襯衫、合身剪裁的外套、套頭羊毛衫為主，而下身則延續六〇年代末期的喇叭褲、矮子樂打扮。在樸素中透露著輕盈，整體造型呈現俐落、帥氣與自然。

此時，由於外交上的不斷失利，青年人開始重新認識自己所生長的這片土地，當時校園民歌彈唱成為流行文化的主流，也是知識份子參與社會消費行為的重要表現，社會上也因此呈現清新自然的氣息。

髮型方面，無論短髮、長髮均以自然面貌呈現，短髮初期著重

鬢角及底部線條的表現，後期轉向柔和的外線處理，略帶鬈度，兩側向後翻吹，蓬鬆自然。長髮則著重無瀏海、無層次所形成的厚重質感，或是稍帶鬈度的內圓狐底線所塑造的圓潤感。

縱觀整個七〇年代，人們已開始褪下過往包袱，追求自由中展現個性化的魅力，不再是一味跟著流行走。不過，婦女注重保養的觀念漸漸形成，全台各地化妝品日用百貨店林立，就連一般的美容院除了提供美髮服務外，也多附設美容部，提供「做臉」等保養的服務。

左：外省籍的中年女性穿著都以旗袍為主

右：七〇年代後期頭髮略帶鬈度，兩側向後翻吹

下：長髮注重無瀏海、無層次所形成的厚重質感

化妝特色

由於七〇年代國外開始流行古銅色肌膚，許多人刻意將白皙肌膚晒成古銅色，以代表財富、休閒及健康，在膚色變深的情形下，眼

為配合古銅色肌膚所作的化妝法
(SHISEIDO 宣傳海報)

右頁:以「發揚中國傳統女性美」為主題的化妝型態
(SHISEIDO 宣傳海報)

影變亮，並運用豐富的色彩加上不同的化妝方式去描劃眼睛，也就是說著重在眼部的變化。

就國內而言，化妝不再像六〇年代那樣精雕細琢，色彩的表現也不凸顯。僅重點加強眉形及雙眼，同時為了使臉部有立體感，開始使用暗色眼影，透過眼影明暗對比凸顯眼部的深邃及五官的立體。眼線畫法則走向自然，而眉毛只是稍加修整，不刻意描畫。

七〇年代末(民國68年時)，佔台灣化妝品業界第一品牌地位的資生堂公司以「發揚中國傳統女性美」為主題，推出具有東方神秘魅力與古典文化精神的國際性化妝品，提出化妝型態：白皙的粉底、珠紅小口、迷濛的腮紅，宛如東方古典美人的重現，雖因化妝型態過於突出，一般女性缺乏勇氣嘗試，但其化妝印象已在化妝品業界及消費大眾間造成震憾。

MOISTURE
MIST.
TOMORROW COLORS FROM TOKYO
SHISEIDO
SHISEIDO

左：影星林鳳嬌
(謝震隆攝影)

右：影星林青霞
(謝震隆攝影)

知名代表人物

和現實脫節的武俠奇情、文藝愛情片，挾著台灣經濟發展的成就，在世界步向經濟恐慌之際，反而一枝獨秀。尤其是瓊瑤式文藝愛情片中不食人間煙火的女主角特質，甚至成為當時少女所嚮往的典範。

二林(林青霞、林鳳嬌)是當時最當道的女星，林青霞清湯掛麵的頭髮加上牛仔褲，以清新脫俗的氣質成為搶眼的造型。林鳳嬌以親切、溫柔、可人，散發著鄰家女孩般的氣息，而受到觀眾的喜愛。

此外，如翁倩玉、甄珍、恬妞等，也都各有特色，各擁有不同的觀眾群。

八〇年代

（民國69～～78年）

社會背景

上：化妝品公司在各大百貨公司舉辦美容服務會，以因應快速增加的女性化妝人員

下：隨著富裕社會的來臨，化妝品公司也不斷結合科技提供精密儀器給消費者化皮膚測試

國外在八〇年代最具代表性的族群是「雅痞族」(Yuppies)，這一群八〇年代的新貴一昧追求金錢與享樂，喜歡穿戴名牌，出入高級時髦場所，並隨時讓自己以光鮮抖擻的形象出現，他們帶動了重視個人生活品味及表象裝飾等風氣的盛行。

而台灣在八〇年代雖因全球不景氣而跟著稍有低迷現象，但憑著三十年來的耕耘，經濟奇蹟逐漸顯現，以高額的外匯存底一躍成為富裕的島國，「台灣錢，淹腳目」，令世人刮目相看。

在游資充斥下，六合彩、大家樂、股市投資…等金融投資業，無論合法非法都大為盛行，到民國75年，台幣大幅升值，股票指數突破千點大關，人們更是瘋狂的迷失在金錢遊戲中無法自拔，以致台灣被外人譏為貪婪之島。

國人這種完全以自我為中心，追逐名利、炫耀財富的風氣，和國外雅痞族的特色類似。許多人在這個充滿競爭的混亂時代，歪曲自由意象，從七〇年代的率性自由風一轉而成任性的作為，過著奢華、享樂、遊戲人間的生活，而下層社會的老百姓，則依舊在困厄中勉強維持溫飽。富者日富，貧者日貧，這種兩極化的現象也是八〇年代台灣社會的一個問題。

民國76年，台灣地區宣佈解嚴，並放寬外匯管制，經濟景氣更加繁榮。再加上八〇年代末期全球性經貿國際化與自由化的激盪，更加速經濟繁榮，開放觀光，出國旅行的機會增多，可以輕易的買到各國的化妝品，更加速了女性化妝人數的增加。

因應富者的一擲千金，各式高額消費名品陸續進口，消費水準足以和國際同步。另一方面，也因人們有更多的金錢與時間來消費及享受，服務業崛起。

在社會並遍富裕的前題下，為人父母不吝提供下一代更舒適的生長環境，在金錢的供應上比以往來得充裕，這使得年輕一代的消費能力大幅提高，消費行為也增多。

整體妝扮

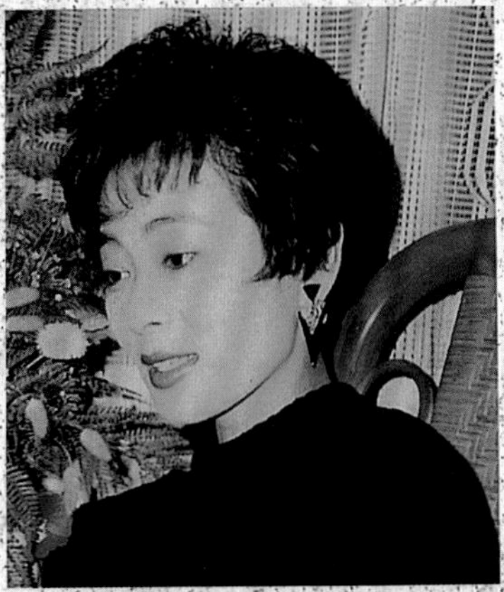

由於七〇年代開始，許多女性投入就業市場，經過多年努力，到了八〇年代，大多事業有成，躋身決策單位，可說是婦解運動發展到最高點的時期，許多女性刻意塑造自己成為男人般的女強人形象，如高聳的墊肩、剛硬線條、中性色彩的套裝等，以強調權威與專業。

上：羽毛剪的髮型可增加臉部的柔和感

下：出國機會提高，更加速女性化妝人數的提高

整體而言，由於趕流行的心理作用，許多人認為惟有走在時代前端，才足以顯示自己的身份地位，因此，流行被當作是一種身份地位的表徵，求新求變也成為此時期的特色，流行轉換的速度很快，幾乎沒有一種流行可以持續兩年。

服裝的設計風格也有很大的轉變，不再只是一種樣式，而是走向多樣化的多元時代，尤其八〇年代中期，日本設計師開始進駐巴黎，為素來領導流行時尚的西方注入一股來自東方的禪學意念，使得流行掀起東方熱潮，從此異國民俗風情的熱潮在每一季的流行主題中都持續不墜。

髮型方面，八〇年代初，龐克頭曾流行於台北街頭，許多女性都

臣服於此種既帥氣又好整理的髮型魅力下；中期以後，髮型的流行由帥氣轉為淑女（如羽毛剪的柔美）；末期則又呈現複雜的多樣面貌。

儘管此時期對流行趨之若鶩的人非常多，但也有一些有所堅持的人，他們瞭解自己的優點和缺點，不一味盲從附會流行，從他們身上，也許無法明顯看出最新的流行變化，但他們卻能截取流行的精神，穿出最能表現自己特質及風味的裝扮來。

左：幾乎每一個職業婦女都會適當裝扮自己

右：龐克頭的髮型非常容易整理

下：眼部化妝是八〇年代化妝重點所在

化妝特色

八〇年代的女性，化妝是為了自己本身的樂趣，而不是為了流行，所以化妝不止變化多、色彩多，而且相當普遍，幾乎每一個職業婦女都會因「化妝是一種禮貌」、「化妝會讓自己變得更美麗」、「化妝能增加信心」等想法而適當妝扮自己。連少女們都在彰

左：同樣以眼部化妝為重點的 SHISEIDO 化妝品宣傳海報

右：彩紋化妝興起於八〇年代

顯個性、表現自我的意識下，掙脫學生制服的約束，塗指甲油、眼影、口紅，讓自己成為大家注目的焦點。

受到富裕、奢靡的社會風氣影響，化妝也呈現浮華炫麗，略帶誇張做作，為了使臉部呈現立體感，常使用過度的腮紅及眼影修飾，並藉著陰影感的效果呈現個性美。到後期則因受復古風的影響，轉向追求自然柔和。

眼部化妝一直是重點所在，早期藉著重疊使用暗色、瑰麗色、閃亮色組合成華麗美妙的印象；繼而以不同組合之微妙色差的色彩強調眼神難以捉摸的神韻；接著由強調水平流動似的成熟眼部轉向強調眼睛原本擁有的圓度，表現自然優雅的化妝印象；晚期更以變幻色彩

（指動植物的擬態色）、珍藝色彩（指能散發微妙光暗層次的顏色）的眼影，在自然時髦中將眼部修飾得靈巧動人。

知名代表人物

上：略帶誇張做作的眼部化妝（影星陸小芬）
謝震隆攝影

下左：影星鍾楚紅
（中影提供，馬楚成攝影）

下右：影星張曼玉
（中影提供，馬楚成攝影）

富裕社會的奢華風氣也反映在流行的寫實電影中，造成如陸小芬、楊惠珊等女星在銀幕上的美艷形象。此外，在奢華之風中，另有一股延續六〇年代的清新風格，表現在校園電影中，一些校園電影的代表人物，清湯掛麵似的髮型，自然不矯飾的淡妝，在奢華的社會風氣中注入一股清流。

九〇年代

（民國79年迄今）

社會背景

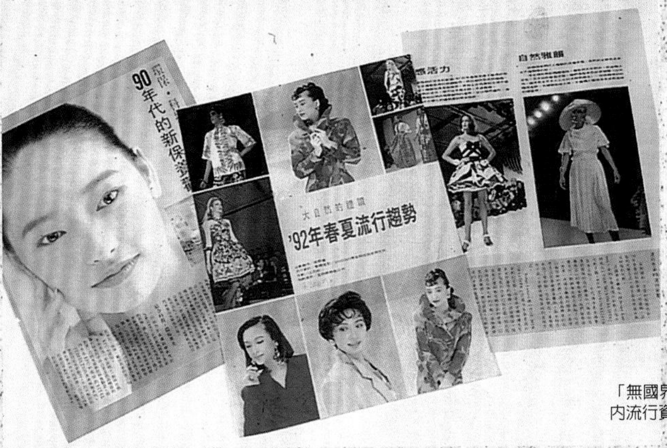

「無國界的世界」趨勢使國內流行資訊與國際同步

雖然，在九〇年代還未過完的現在，就來談九〇年代的流行及化妝，似乎稍嫌過早，但有些重要現象及趨勢已可預言九〇年代後半的變化。

就大環境而言，在高度文明發展造成嚴重的環保問題後，環保已成為全球人都重視的共通語言，並漸漸從早期的概念、口號演變成落實在日常生活中。

六〇年代，傳播鉅子麥克魯漢提出「地球村」的說法，大家都無法接受這種前衛的觀念，但到了九〇年代，科技的進步已將遠隔重洋的五大洲緊緊拉在一起，加上近幾年各大洲積極積推動超民族的區域整合，世界各國之間都產生經濟、文化交融的現象，「無國界的世界」成為可能，也越來越多人以「世界公民」自居。

當前局勢在走過經濟蓬勃的八〇年代後，九〇年代初期全球即遭逢經濟不景氣的危機，除此，並歷經東西德統一、波斯灣戰爭、蘇聯帝國瓦解、波羅的海三小國民族鬥爭…，又面臨全球資源的枯

流行服飾反映出人們重新體會宗教的精神
（蘇金來攝影）

右頁：自然健康的休閒潮流帶動服飾休閒化
（蘇金來攝影）

竭、核武廢棄物的處理，能源危機、人口膨脹、失業率提高帶來的後遺症、愛滋病陰影…，一切都變化快速，並充滿無序感的混亂。

局勢的混亂使人們重新肯定家庭的價值，聯合國大會明訂1994年為「國際家庭年」，便是期待透過一個理性、整體性和全球性的方法，以引導及提高今日多元化家庭結構所需要的關懷、尊重及責任等。

再從人們的一些行為，譬如重新體會宗教、重視家庭與親子關係、強調生活品質…等，這些跡象顯示精神和心靈面再度引起九〇年代人們的興趣。

反觀台灣，國際通商及休閒旅行無遠弗居，受國際潮流影響日深，尤其在政治解嚴後，自由風潮瀰漫，各種媒體資訊蓬勃發展；兩岸在變數不斷下仍交流頻繁，再加上上述全球大環境重新解構，台灣在國際經濟上扮演了舉足輕重的角色，只是政治定位仍處在敏感的夾縫中。

政治方面，由於在野黨勢力的逐漸興盛，執政黨與在野黨的衝突日益白熱化，小老百姓在各種政治主張的訴求中，選擇自己所認同的政黨去擁護。

整體來看，八〇年代的金錢遊戲已成為過去，股市狂飆的情況也早已降溫，人們轉而以實際的態度面對瞬息萬變的社會，注重休閒生活及健康溫馨的家庭生活也成為九〇年代人們追求的目標。

以全球而言，九〇年代的特色是「全球同步」，無論是經濟、戰爭甚至環保活動，都有牽一髮而動全身的趨勢。

整體妝扮

歷經八〇年代講究自我本位主義、物慾橫流的日子，九〇年代的人們逐漸放棄雕琢浮華，轉而追求內在心靈的滿足。加上世界全面性的不景氣，過去的消費習慣面臨瓦解，新的消費觀正在形成，亦即消費者對流行的需求著重於基本實際的風格。

其次，九〇年代初期局勢的動盪不安，導致人們心理產生不安全感，對未來充滿未知的恐懼，為了

左：九〇年代重視整體妝扮，指甲藝術也因此而興起。

右：化妝技術的興盛，使得小丑妝的變化更加多采多姿

找尋維持生命和諧安定的力量，不免懷念起過去美好的時光，導致九〇年代初期每一季的流行受此影響，紛紛以二〇年代的流行特色為懷舊主題，流行吹起一股復古風。

也由於人們對追求流行變化的興趣轉淡，原本的流行體系受到考驗，流行不再是設計師登高一呼，大家便趨之若騖，而是持久的流行、個人風格的建立，亦即透過個人的意念自行搭配組合，以呈現個人的獨特風格。

大量婦女走入社會，在職場上逐漸佔有一席之地，從八〇年代的女強人型態轉而不再執意武裝自己，而是回過頭來重現女性的特質，以柔美、婉約的女性化色彩及線條詮釋九〇年代職業婦女的角色。

而家庭的意義與價值受到注重；自然健康的休閒生活也入主九〇年代，因此帶動了服飾休閒化的潮流。

這些流行特質台灣也一樣同步顯現，更由於「悲情城市」、「牯嶺街少年殺人事件」、「阮玲玉」、「飲食男女」…等電影的揚

名國際，使社會上瀰漫著屬於台灣早期文化的懷舊氣氛。

各種流行服飾已與歐美同步，無論是進口服飾或國內設計師的作品，都以質感及簡潔的線條剪裁為主。

過了九○年代中期（民國85年）之後，在二十世紀末的情緒中，流行文化為迎接一個嶄新的未來而準備，以科技與人性為思考方向，強調完美與精緻，展現一個懷念與回顧、未來與創新的回應。創新的理念不斷出現，設計呈現多種不同的風貌，流行素材的使用也變得更廣泛。

在髮型上飄逸烏黑的長髮仍為一般女性所嚮往，不過由於職業婦女的激增，為了工作方便，俐落的短髮及中長度的髮型則是更切合實際的選擇。而無論是那一種髮型，均著重頭髮的髮質，光澤度與柔和的線條，力求自然的表現感。

時髦講究的女性則會將頭髮染色或作局部「挑染」，使頭髮顏色改變，以配合造型或改變臉部給人的感覺。

九○年代服裝素材的使用變得更廣泛
（蘇金來攝影）

化妝特色

復古的化妝及造型表現了女性纖細的光輝（蘇金來攝影）

九○年代的現代女性由於教育水準的提高、經濟能力的確保及價值意識的變化，對美的追求也明顯呈現出多元化的趨向，強調時代美、健康美、自信美、機能美與智慧美。

在追求這些多元化美的前題下，化妝以凸顯個人五官輪郭及個性特質為主要訴求，色彩上雖有變化妝（隨當季流行色彩、個人喜好及實際需要而變動），但仍以適合個人膚色、服裝色彩為重，並會隨著T.P.O.（時間、地點、場合）的不同，而決定化妝的色彩及濃淡。進一步而言，因整體造型觀念的盛行及女性自主意識的強化，女性對臉部化妝色彩及化妝濃淡的選擇有更大的寬容度及嚐試意願。

整體來說，九○年代初期化妝以明晰清澄的透明質感為中心印象，以捨棄一切虛飾、誇張的「最低限度」化妝，表現出「最高限度」時髦且美麗的化妝。較特別之處，是復古的眉形及眼線（從二○

在化妝凸顯個性特質的前提下，新娘妝也不再一昧追求濃豔。（蘇金來攝影）

上：九〇年代化妝強調自信美及智慧美（蘇金來攝影）

下：九〇年代初期，化妝以明晰清澄的透明質感為中心印象（蘇金來攝影）

年代到六〇年代），表現了纖細的女性光輝。

九〇年代中葉以後，由於社會情勢的展望已在黑暗中露出曙光，女性們都躍躍欲試的想在流行的舞台上展露風華，因此，化妝由以往的自然、透明轉變到享受色彩，追求色彩的新感覺與微妙變化，以最令人感受到彩妝樂趣的優雅色彩，表現回復色彩的預感以及細緻的消光質感，藉由強調色彩存在感的細緻印象實現彩妝的樂趣。也就是說，隨著流行的優雅化，化妝的潮流由簡單再度轉變成講究，整體表現優雅而冷靜的感覺。

而隨著高齡化社會的來臨，各化妝品廠商也陸續推出高齡女性專用的化妝品，配合老化膚質的特性，運用各種生化科技產品修飾及美化步入生命黃昏期的女性，表現成熟智慧之美，增添女性永恆的氣質。

九〇年代中葉以後，化妝潮流由簡單再度轉變成講究（蘇生來攝影）

上：強調色彩感的彩妝令人享受到化妝的樂趣
（蘇金來攝影）

下左：透明與帶光澤的衣服素材越來越受設計師重視
（蘇金來攝影）

下右：偏向古典風格的新娘造型
（蘇金來攝影）

知名代表人物

在重視環保的九〇年代，因受到重視回歸自然及個性表現的趨勢影響，演藝圈不再迷信俊男美女，只要有實力、有個人特色加上努力及機會，誰都能出人頭地，而每個明星也都各自擁有一片天空。因此，此處不特別標示誰是九〇年代的知名代表人物。

古月

今人

造型篇

藝術&造型指導：連士良
飾品創作：羅桑席讓
髮型：蔡瑩瑀
服裝提供：陳頌聲(近代)
攝影：歷代－謝忠恆、余嘉熙
　　　近代－黃建昌
模特兒：方岑　王聖芬　孟廣美　崔佩蘭
　　　　連靚　陳思璇　蔡淑臻

前言

歷史，是人類文明得以傳承及創新的重要資產，每個時代所彰顯的觀念及思潮演變，都在無形中提供每一個生命精神追尋過程中永不匱代的滋養。

在負責本書「古月照今人」造型篇影像部份的藝術視覺及造型化妝設計時，我個人是在虛心領受中國歷史傳統豐富資產的基礎下，試著藉由傳統的內蘊精神轉化為具時代特質的思考，以便在視覺及造型設計時展現適合今日時空的造型。

從討論、搜集資料到定案的過程中，和SHISEIDO美容科學技術研究所共同組成的工作小組幾度眩迷於中國歷代仕女之美，我們也更肯定中國文化對仕女造型發展脈流中所傳動的意義。

歷代（民國之前）造型影像部份，我們主要依據各個朝代的藝術作品為思考重點，再進一步分析時代背景並融合仕女典型，最重要的是加入小成員的創意，最後才創作出具意識型態的影像整體造型。

前提的這些重點精神，實際化為藝術飾品型態作為視覺搭配，攝影則分為忠實呈現及情境視覺兩條脈絡執行，目的在提供多元化的創作思考空間。

近代（民國以來）的造型影像部份，我們以每一十年代的社會背景、整體妝扮、化妝特色及知名代表人物為創作中心思想，並以之作為化妝、髮型設計的依據。設計方向是使近代每一階段仕女的特色精神都能重現在九〇年代的現代時空，自然不突兀，並且令人驚艷。而攝影風格則是自然、忠實的呈現整體造型特色。

一個完美的造型影像，從無到有，從理念到影像的具體化，必須藉由攝影師、模特兒、藝術飾品設計、髮型、化妝以及企劃等專業人員合作無間的默契，才能完美無懈可擊，在此致上衷心感謝。但願從古代到現在豐富的歷史文化資產及仕女之美，在我們創作轉化之後，能豐富滋養每一位從事造型創作者的心靈，使作品更具有藝術的風格與品味。

連士良時尚文化創意總監

連士良 98

漢

雲水絲綢

原始自然的虛靜恬淡
是人工無法呈現的藝術型態
漢代的山水雲絮
使此化妝設計藉以乘物遊心
化白雲蔓髮，流水銀絲
縱自然藝術的無限
開拓彩妝藝術的領域
於藍天肆意悠游

繾綣鳳冠

中國古典美學講究的是

上下、內外、大小、遠近都和諧的境界

寧謐的「舊時代」、「順傳統」走到極致

給了「創新」一個機會

此造型便是在五代仕女典型容顏中

以順傳統的婉約提出化妝架構

融和色彩空間表現創意

線條也參古更新

在尊重並繼承古典美學中

創造新的可能性

是個向內外皆開放的開始

唐

樂舞敦煌

強盛國勢帶來視覺震撼的突破
從燦爛輝煌的年代走來
幻化出這款彩妝及飾品的設計
黑紫色的流線型眼部層次
金黃及水藍色的圖騰面飾
消失的眉毛及刻意勾勒的唇型
一一是存心依古的戲劇效果
整體視覺流瀉笙歌曼妙的華麗場面
是色彩情調豐富
且極具裝飾性的化妝造型

洛河離書

中國墨彩的蒼勁及陰柔
顛覆藝術於方寸之間
豪獷翰墨，寄意無窮
以濃濃墨彩融合墨紫陰柔
一種神秘孤寂的意境
油然而生

宋

格物花鳥

化妝設計重點在於色彩的暈染
縈迴以淡彩而著痕
不可見筆觸塵埃
線條的勾描精密高雅
色彩的視覺能見度輕薄透明
恰如陽光映透組潤肌膚

元

冥想山水

完全是創意性的彩妝設計
冥想的意識落實於眼影
張力以太陽光似的寶藍表現
高人逸士的水墨山水揮灑
成就女性冥想幽遠的神秘魅力

麗澤人文

情與影流瀉幻化

嫩冷的綠影，沈靜的粉橘

交織著仕女靜瑟含蓄的中國氣韻

化妝形象表現不同的虛擬空間

可以是喜悅的；也可以是傷感的

因著人的內在情緒

作為色彩及線條構成的導向

神紅慈禧

虛與實的關係是此造型追求的境界

「實」展現慈禧傳奇性的人格特質

「虛」道盡慈禧權慾世界的抽象交戰

化妝設計在實裡求虛、虛中現實的交錯中

產生幾何的線條構成及

光影立體的色彩眩惑

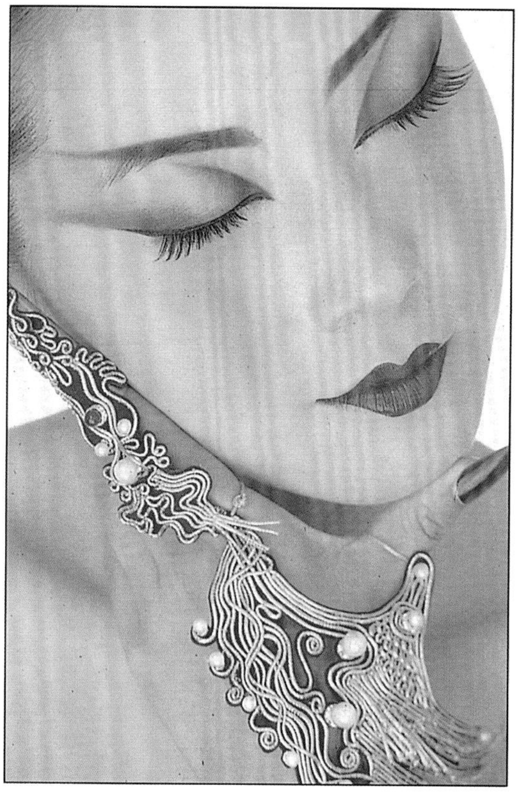

清末民初

末代華麗

朝代更迭

物換星移

世紀末的華麗女子

跨越時空

打破體制

蓮步款款自舊時代走來

優柔浮雕

不經意裸露的美麗

如春天的浮雕

在乍暖還寒中

游走於內斂與奔放之間

沈魚落雁

柔情似水
迴身在幽幽小調的旋律中
眼波流轉
飄浮在纖纖十指的擺弄中
雲想衣裳花想容的古典女子
隨音符於時空中裊裊婷婷起舞

素心若雪

嫋嫋素女
於烽火陰霾下
花容亦未曾失色
只是以一身素衣包容世事
然後，沈靜的將美麗放進
蒙娜麗莎似的神秘微笑中
任它風風雨雨，我心若雪

沈澱風華

安靜的華麗
混合著溫柔與野性的魅力
一絲保守
幾分傳統
無數智慧
此情不關風花雪月
只於靜默中沈澱風華

紅塵心事

此身註定投入滾滾紅塵
周旋熙來攘往
洞澈人情世故
紅顏不改；嫵媚如昔
奴家內心情事
盡寫在與明鏡交會的眼眸中

時尚夢幻

狂野的鬈絲一如澎湃的心
深邃的眼洞悉流行風絮
却在光影層次幻化中迷漾
夢境般的虛無冷淨
恬淡了極端時尚的美麗
讓飽滿的唇
欲言又止

典藏美麗

把精緻的浪漫層層包裏

慢慢醱酵醞釀

香濃更勝醇酒

再和著復古的風采

一起典藏

容顏便如史詩寶藏般

沈靜典雅與華麗燦爛交織

純淨魅影

世界邁向生命共同體

流行卻以多元化的創造性

在同質與異質；

趨勢與反趨勢；

古典與現代之間；

怡然自得的悠游

容顏色彩或許內斂

隱約的美感依然充滿自信魅力

回歸原點

未知總是乘著想像的翅膀
在浩瀚中無邊無際翱翔
以無比的生命力翻湧
將一切重新解構重新詮釋
打破混沌回歸原點
擁抱所有的美與醜；善與惡
美麗的字典中再也沒有不可能

國家圖書館出版品預行編目資料

中國化妝史概說＝*Introduction of Chinese make-up history*／李秀蓮著. -- 初版. -- 臺北市；揚智文化，*1996*〔民85〕
面；　公分
ISBN 957-9272-84-0(精裝)

*1.*化妝術-中國-歷史

424.2092　　*85010689*

中國化妝史概說

著　　者	李秀蓮
出 版 者	揚智文化事業股份有限公司
發 行 人	林智堅
企　　劃	SHISEIDO 美容科學技術研究所
副總編輯	葉忠賢
責任編輯	賴筱彌
美術設計	點石設計
地　　址	台北市新生南路三段88號5F之6
電　　話	(02)366-0309・366-0313
傳　　真	(02)366-0310
登 記 證	局版臺業字第4799號
印　　刷	鴻慶印刷事業有限公司
初版二刷	1999年1月
I S B N	957-9272-84-0
定　　價	1200元